秦岭北麓河流周丛与浮游藻类图谱

郭家骅　田雨露　孙昊田　编著

中国水利水电出版社
www.waterpub.com.cn
·北京·

内 容 提 要

本书以图文并茂的形式介绍了秦岭北麓河流常见的淡水藻类。全书参考新的分类学、系统学文献，针对秦岭北麓河流周丛与浮游藻类进行了分类地位、形态特征、生物学特性、样品采集地等信息的概述。其中周丛藻类包括了蓝藻、金藻、硅藻、隐藻、裸藻、绿藻和黄藻在内的7门65属，浮游藻类包括了蓝藻、金藻、硅藻、裸藻、绿藻、黄藻和甲藻在内的7门75属，各属挑选代表性图片，最大限度地展示了藻类的原始形态。本书对河流中的周丛和浮游藻类进行了准确分类，其结果对利用藻类群落评估秦岭北麓区域的水生态健康具有重要意义，对研究我国秦岭北麓淡水藻类资源及水生态调查具有重要参考价值。

本书适合淡水水生生物学、水文学、生态学、环境保护等相关领域的科研人员、高校师生以及水生生物爱好者参考使用。

图书在版编目（CIP）数据

秦岭北麓河流周丛与浮游藻类图谱 / 郭家骅，田雨露，孙昊田编著. -- 北京 ： 中国水利水电出版社，2024.2
ISBN 978-7-5226-1845-6

Ⅰ．①秦… Ⅱ．①郭… ②田… ③孙… Ⅲ．①秦岭—流域—淡水生物—藻类—图谱 Ⅳ．①Q949.2-64

中国国家版本馆CIP数据核字(2023)第192696号

书　　　名	**秦岭北麓河流周丛与浮游藻类图谱** QIN LING BEILU HELIU ZHOUCONG YU FUYOU ZAOLEI TUPU
作　　　者	郭家骅　田雨露　孙昊田　编著
出 版 发 行	中国水利水电出版社 （北京市海淀区玉渊潭南路1号D座　100038） 网址：www.waterpub.com.cn E-mail：sales@mwr.gov.cn 电话：(010) 68545888（营销中心）
经　　　售	北京科水图书销售有限公司 电话：(010) 68545874、63202643 全国各地新华书店和相关出版物销售网点
排　　　版	中国水利水电出版社微机排版中心
印　　　刷	天津嘉恒印务有限公司
规　　　格	170mm×240mm　16开本　15印张　216千字
版　　　次	2024年2月第1版　2024年2月第1次印刷
定　　　价	**128.00元**

凡购买我社图书，如有缺页、倒页、脱页的，本社营销中心负责调换

前言

　　河流是地球表面最活跃的生态系统,也是水循环的组成部分之一,对人类社会经济发展、流域生态环境可持续发展和区域气候稳定具有重要意义。藻类是河流生态系统的重要组成部分,藻类的大小及形态结构差异很大,需要借助显微镜或电子显微镜才能观察清楚。藻类虽然微小,但数量较多,在水生态系统中占据重要地位。藻类对水体环境变化敏感,其种类和数量与环境因素有密切联系并因环境的变化而变化。藻类作为水生生态系统的初级生产者,可全面、综合地反映外界环境的变化以及污染物对水体环境和水生生态系统的影响,因此常被作为指示生物类群用于河流健康评价,在水质监测、供水保障等方面发挥着越来越重要的作用。

　　秦岭北麓以秦岭分水岭和渭河为南北边界,以陕西省界为东西边界、形成约1.47万km²的区域,主要涉及渭南、西安和宝鸡三市。秦岭北麓自东向西流入渭河的支流有潼峪河、罗夫河、零河、灞河、沣河、涝河、黑河、清水河、石头河、清姜河等。秦岭北麓是关中地区重要的水源涵养地和供水水源地。近些年,随着社会经济的迅速发展及人类活动的影响,该区域也面临着河湖水量亏缺、河湖湿地萎缩、地下水超采等一系列生态问题,已成为制约区域经济社会发展的主要因素之一。客观地评估河流水生态健康状况并进行有效监测和管理,已成为我国河流水环境管理的共识。对河流藻类进行准确分类,编写秦岭北麓藻类图谱,对利用藻类群落评估秦岭北麓渭河流域的水生态健康具有重要意义。

本书作者于2022—2023年对秦岭北麓的渭河支流中周丛和浮游藻类进行了全面采样与调查，依据《河流生态调查技术规范》(T/CSES 57—2022)、《内陆水域浮游植物监测技术规程》（SL 733—2016），再采集高像素数码照片，完成了本书的编撰。

本书以图文并茂的形式介绍了秦岭北麓区域常见的淡水藻，共收入包括蓝藻、金藻、硅藻、隐藻、裸藻、绿藻、黄藻和甲藻在内的8门65属（周丛）/75属（浮游）藻类的图片及简介。本书编写遵循简易且符合实际的原则，具有以下特点：①所选的藻类图片为显微镜成像的彩色图片，其形状相对规整且最大程度接近观测者视野中看到的藻类原始形态，便于初学者参考和比较；②对各属的特征及生物学特性做了简单明了的描述。书中的系统排列采用《中国淡水藻类——系统、分类及生态》一书，属的形态特征和生物学特性的描述参考了《中国淡水藻类——系统、分类及生态》《中国淡水藻志》及其他相关书籍或文献，在此向原书的作者表示衷心感谢！

本书的出版得到国家自然科学基金青年项目"周丛生物对河流大环内酯类抗生素污染的响应特征及转化机制"（42101077）、"北洛河悬浮泥沙对浮游植物群落影响机制研究"（42201109）的资助。

参加本书编写和野外调查工作的有郭家骅、田雨露、孙昊田、陈文武、丁鑫、褚夕、刘佳欣、李倩、杨传茂、卓保宣。全书由郭家骅统编，江源教授、唐学玺教授审定。

本书的出版凝聚了所有参加编写和调查人员的辛勤劳动，在此谨向参与本书研究工作的专家、学者和研究生，提供过帮助和指导的朋友、同事，以及给予关心和支持的单位和个人表示衷心的感谢！

本书的编撰对于秦岭北麓河流来说尚属首次，限于我们的能力和水平，书中的疏漏之处在所难免，祈望读者指正。

作者

2023年7月

目 录

浮游藻类

藻 类 介 绍

蓝藻门 Cyanophyta

蓝藻是最原始、也是最古老的绿色自养生物类群。蓝藻细胞结构简单，原生质体不分化成细胞质和细胞核，而分化成周质和中央质，故只有原始的核，是原核生物，又被称为蓝细菌。藻体为单细胞、群体或丝状体。胞壁外往往包有多糖构成的黏质胶鞘或胶被。蓝藻门藻体细胞的形态比较简单，无鞭毛，常见的形状有球形、椭圆形、卵形、柱形、镰刀形和纤维形等。单细胞或形成片状、球形、不规则状、团块形、丝状等群体，没有多细胞体。周质中没有色素体，但有光合片层，含有叶绿素a和藻蓝素，故藻体常呈蓝绿色，有的还有藻红素而呈其他色泽。

繁殖方式主要为营养繁殖和无性繁殖，无有性生殖。营养繁殖是通过细胞的随机分裂，故蓝藻又称裂殖藻。群体和丝状体的种类常形成藻殖段发育为新个体。无性生殖多数产生厚壁孢子，是藻体内的营养细胞体积增大、细胞壁加厚、营养物质积累而成的。厚壁孢子可长期休眠，渡过不良条件，待环境适宜时再萌发形成新个体。

蓝藻分布很广，在淡水和海水中、潮湿和干旱的土壤和岩石上、树干和树叶以及温泉、冰雪，甚至在盐卤池、岩石缝等处都可生存，具有极大的适应性。在热带、亚热带的中性或微碱性环境中生长特别旺盛。蓝藻在水体中过量增殖，往往形成"水华"。有的种类可作为水质的指示生物。

金藻门 Chrysophyta

金藻多数种类为裸露的个体，多为单细胞或群体，少数为丝状体。多数运动的种类和繁殖细胞具有2条鞭毛，1条或3条的很少。静孢子的壁硅质化，由2片构成，顶端开一小孔。有些种类含有许多硅质、钙质，部分硅质可特化成类似骨骼的构造。色素除叶绿素a、叶绿素c、β-胡萝卜素和叶黄素等以外，还有副色素。金藻的色素体仅1个或2个，片状，侧生。储存物质为白糖素和油滴。白糖素为光亮而不透明的球体，又称白糖体，常位于细胞后部。细胞核1个。液胞1个或2个，位于鞭毛的基部。

金藻多分布于淡水，一般在温度低、有机质含量少、微酸性水体中生长较多，可作为清洁水体的指示生物。

硅藻门 Bacillariophyta

硅藻藻体通常为单细胞，或由细胞彼此连接成链状、带状、丛状、放射状等群体。藻体细胞壁富含硅质，硅质壁上具有排列规则的花纹，细胞壁上复杂的硅质结构形成坚硬的硅藻细胞，称为壳体。壳体由上下两部分套合而成，套在外面较大的半片称为上壳，套在里面较小的半片称为下壳，上下两壳都由盖板和缘板两部分组成。硅藻细胞壁上都具有排列规则的花纹，主要由点纹、线纹、孔纹、肋纹等，细胞表面通常向外伸展出突起、刺、毛、胶质线等突出物。色素体主要有叶绿素a、叶绿素c_1、叶绿素c_2及β-胡萝卜素、岩藻黄素、硅藻黄素等。

硅藻广泛分布于淡水、海水中和湿土上，为鱼类和无脊椎动物的食料。几乎在所有的水体里都生长，只有极少数生活在陆地潮湿处。硅藻一年四季都能形成优势种群，以春季和秋季最盛，条件适合时在一些富营养水体中还可能暴发硅藻水华。常见的硅藻水华优势藻包括小环藻、针杆藻、脆杆藻等。

隐藻门 Cryptophyta

隐藻绝大多数为单细胞，色素除叶绿素a和叶绿素c外，还含有α-胡萝卜素、甲藻黄素及藻胆素。体形不对称，有背腹面。细胞无细胞壁，仅具有柔软到坚固的周质。藻体腹侧前端偏于一侧具向后延伸的纵沟及明显而特殊的咽喉构造，咽喉深入于细胞里，包被着粒状的刺丝胞或毛，鞭毛多为2条，略不等长，罕为1条，自腹侧近前端伸出，个别类群侧生，有的仅在浮游时期才有。具有1个或2个叶状的色素体，多呈黄绿或黄褐色，罕为蓝绿、绿或红色，也有无色的。具蛋白核或无。贮藏物质为淀粉和类似淀粉的物质，核单一，一般位于细胞的近后端。伸缩泡1个至数个，位于细胞前端。

繁殖除极少数种为有性生殖外，绝大多数种为细胞纵分裂。仅有隐藻纲1纲，约90种。中国有3种，均发现于淡水中。

裸藻门 Euglenophyta

裸藻门大多数为单细胞、具有鞭毛的运动个体，除胶柄藻属外，都是无细胞壁，营固着生活。细胞呈纺锤形、圆形、圆柱形、卵形、球形、椭圆形、卵圆形等。裸藻细胞的最外层是原生质膜，质膜内由蛋白质构成周质体，有些种的周质体薄，易弯曲，藻体能变形。还有些种的周质体厚而硬，使藻体有固定形状。部分种类细胞外具有囊壳，囊壳表面常具有各种纹饰。裸藻具有鞭毛1~3条，由中央轴丝和外部的鞭毛鞘组成，也有无鞭毛的。细胞内有许多色素体，其内含有叶绿素a和叶绿素b、β–胡萝卜素和3种叶黄素，一般呈盘状、片状和星状，有色素的种类细胞前端一侧有一红色的眼点，具有感光性，无色素的种类大多没有眼点。

以细胞纵裂的方式进行繁殖，细胞分裂可以在运动状态下进行，也可以在胶质状态下进行。裸藻没有无性生殖，有性生殖尚不能确定。

裸藻大多数分布在淡水，少数生长在半咸水，很少生活在海水中，特别是在有机质丰富的水中生长良好，是水质污染的指示藻类，夏季大量繁殖使水呈绿色，并浮在水面上形成水华。

绿藻门 Chlorophyta

　　绿藻中除少数物种的细胞原生质裸露、无细胞壁外，绝大多数都有细胞壁。色素体是藻类细胞重要的细胞器，周生或轴生，形状多样。每个细胞内色素体的数目有1～2个或多个不等，大部分绿藻细胞有1个蛋白核，少数种类为多核。含叶绿素a、叶绿素b，具有与高等植物相同的色素和贮藏物质。

　　有性生殖很普遍，为同配、异配或卵配。生殖细胞都具有鞭毛。多数的运动细胞有2条顶生、等长的鞭毛，但有少数种类有4条或更多的鞭毛，大多数绿藻鞭毛表面光滑，在鞭毛着生的基部，一般具有2个生毛体和伸缩泡。藻体有单细胞、群体、丝状体、叶状体、管状多核体等各种类型。藻体形态多样，有单细胞的、群体的或多细胞的；单细胞有球形、梨形、多角形、梭形等。群体类型有胶群体型、丝状体型、膜状体型、异丝体型等。多细胞个体为球形、分枝和不分枝的丝状、扁平叶片状、杯状和空管状。群体、丝状体以细胞分裂来增加细胞的数目。

　　绿藻生活在淡水和海水中，海水种类约占10%，淡水种类约占90%。绿藻是藻类中最大的一门，约有350属，5000～8000种。

黄藻门 Xanthophyta

　　黄藻为单细胞、群体、多核管状体和丝状体。黄藻细胞大多数都具有细胞壁，单细胞和群体的个体细胞壁由2个U形半片套合组成，丝状体的细胞壁由2个H形的半片套合而成。化学成分主要是果胶质，有些种的细胞壁内沉积有二氧化硅。只有无隔藻属（*Vaucheria*）和黄丝藻属（*Tribonema*）的细胞壁由纤维素组成。最简单的黄藻是无壁的。细胞中色素体1个或多个，盘状、片状或带状，边位，呈淡绿色或黄绿色，光合色素主要成分是叶绿素a、叶绿素c、叶绿素e、β-胡萝卜素和叶黄素。贮存物质为脂肪及白糖素。

　　黄藻多数分布于淡水，有些种生活于土壤中，少数种生活于海水中。在淡水中生活的黄藻，有的种喜生于钙质多的水中，有的生于少钙的软水中，还有不少种生于酸性水中，大多数黄藻在纯净的、贫营养的、温度比较低的水中生长旺盛。

甲藻门 Dinophyta

甲藻门大多数种类为单细胞，少数为丝状体或由单细胞连成的各种群体。细胞裸露或具有细胞壁，细胞呈球形、卵形、针形和多角形，背腹扁平或左右侧扁。纵裂甲藻类的细胞壁由左右两片组成，无纵沟或横沟；横裂甲藻类多数种类具有1条横沟和1条纵沟。横沟位于细胞中部，横沟上半部分称上壳或上锥部，下半部分称下壳或下锥部。纵沟又称腹区，位于下锥部腹面。具有2条顶生或腰生鞭毛，可以运动，因此也称双鞭藻。

细胞分裂是甲藻类最普遍的繁殖方式。有的种类可以产生动孢子、似亲孢子或不动孢子。有性生殖只在少数种类发现，为同配式。

甲藻分布十分广泛，海水、淡水中均有发现，多数甲藻生活在海洋中，是海洋浮游生物的重要类群。甲藻的一些种类在淡水中也可大量繁殖，形成水华。

周丛藻类

1 蓝藻门 Cyanophyta
2 金藻门 Chrysophyta
3 硅藻门 Bacillariophyta
4 隐藻门 Cryptophyta
5 裸藻门 Euglenophyta
6 绿藻门 Chlorophyta
7 黄藻门 Xanthophyta

1 蓝藻门 Cyanophyta

1.1 颤藻属 *Oscillatoria*

分类地位：蓝藻纲（Cyanophyceae）颤藻目（Osillatoriales）颤藻科（Oscillatoriaceae）

形态特征：藻体由多细胞组成的不分枝的丝状体，或许多藻丝互相交织而形成片状、束状或皮革状的蓝绿色团块。藻丝外表无胶鞘。藻丝端部细胞往往逐渐狭小而变尖细，有的弯曲如钩，或作螺旋状转向。顶端细胞形态多样，末端增厚或具帽状结构。

生物学特性：一般分布在富含有机质的淡水水体，以段殖体繁殖。

样品采集地：陕西省西安市大峪河下游，滈河下游，涝河全流域，太乙河上游、下游，皂河上游，灞河上游、下游，浐河全流域，浐河灞河交汇处，沣河下游，小峪河中游、下游，泫河下游，洋峪河上游、下游，黑河上游、下游；渭南市罗夫河中游，零河下游，潼峪河上游，沈河下游，赤水河上游、下游；宝鸡市磻溪河上游，清姜河中游、下游，石头河下游。

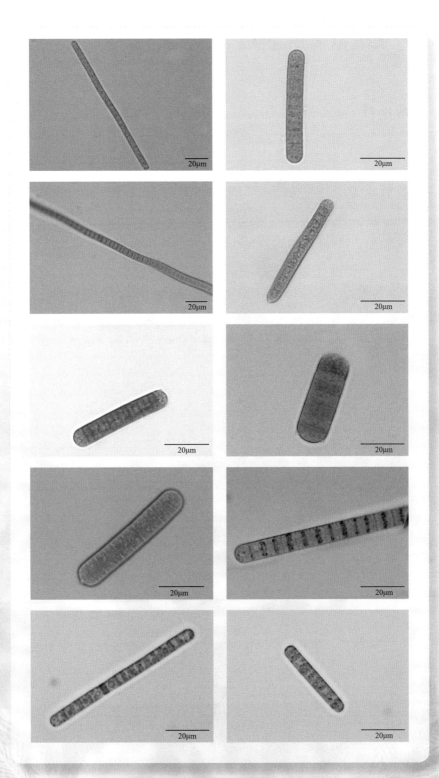

1.2 螺旋藻属 *Spirulina*

分类地位：蓝藻纲（Cyanophyceae）颤藻目（Osillatoriales）颤藻科（Oscillatoriaceae）

形态特征：藻体单细胞或多细胞，圆柱形，无鞘，或松或紧地弯曲呈规则的螺旋状。藻丝顶部不尖细，顶端细胞钝圆，无帽状结构。具有不明显的横壁，不收缢。

生物学特性：一般分布在淡水水体中。繁殖方式为直接分裂。

样品采集地：陕西省西安市太乙河中游，灞河中游，浐河中游，浐河灞河交汇处。

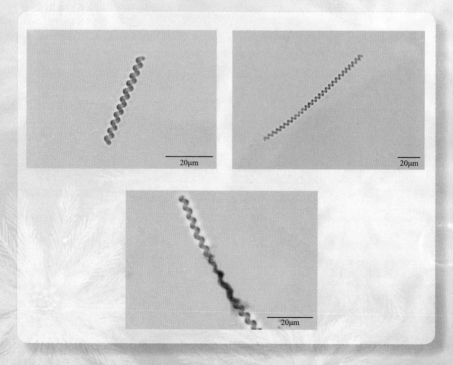

1.3 聚球藻属 *Synechococcus*

分 类 地 位：蓝藻纲（Cyanophyceae）色球藻目（Chroococcales）聚球藻科（Synechococcaceae）

形 态 特 征：藻体为单细胞或2个细胞连在一起，少数为细胞群体；细胞圆柱形或卵形，两端宽圆；胶被不易察觉或没有。

生物学特性：水生或亚气生，善运动。

样品采集地：陕西省西安市太乙河上游、下游，洋峪河下游；渭南市罗夫河上游。

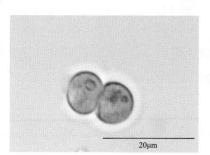
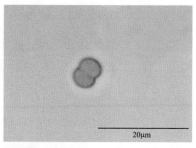

1.4　平裂藻属 *Merismopedia*

分类地位：蓝藻纲（Cyanophyceae）色球藻目（Chroococcales）平裂藻科（Merismopediaceae）

形态特征：藻体细胞2个1对，2对1组，4组为1群，整齐排列在一个平面的同质胶质中，形成片状有规则排列群体。群体胶被无色、透明、柔软，个体胶被不明显。细胞球形或椭圆形，大多数为浅蓝色和亮绿色，少数为玫瑰红色。

生物学特性：一般分布在淡水水体中。繁殖方式为群体断裂或细胞分裂。

样品采集地：陕西省西安市太乙河下游，潏河下游，小峪河上游，灞河中游、下游，浐河全流域，浐河灞河交汇处，沣河上游、下游；宝鸡市磻溪河中游。

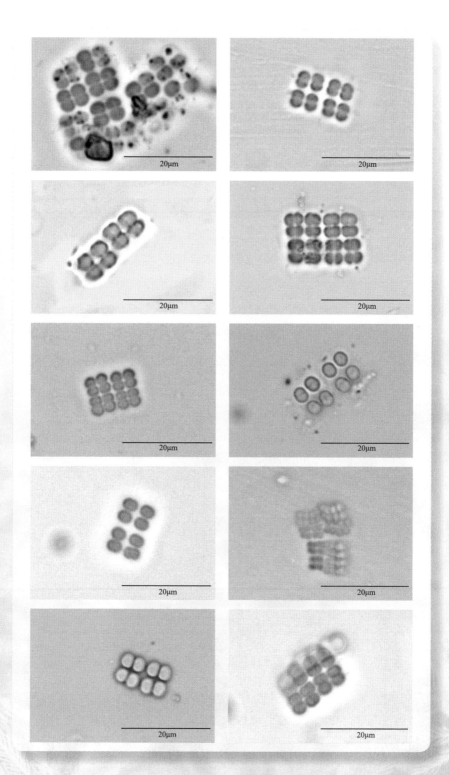

1.5 束丝藻属 *Aphanizomenon*

分类地位：蓝藻纲（Cyanophyceae）念珠藻目（Nostocales）念珠藻科（Nostocaceae）

形态特征：藻丝直或略弯曲，无胶鞘；常多数集合成盘状或纺锤状群体；异细胞间生；孢子与异细胞远离。

生物学特性：主要分布于各种静水水体中。

样品采集地：陕西省西安市涝河全流域，太乙河全流域，小峪河上游、下游，灞河全流域，浐河全流域，浐河灞河交汇处，沣河上游、中游，浐河中游、下游，洋峪河上游。

1.6 微囊藻属 *Microcystis*

分类地位：蓝藻纲（Cyanophyceae）色球藻目（Chroococcales）微囊藻科（Microcystaceae）

形态特征：藻体是由多数细胞包在胶质物中形成的不规则群体。细胞呈球形或椭圆形，排列紧密。群体胶被无色。常有假空泡和颗粒，细胞呈蓝绿色或橄榄绿色。

生物学特性：一般分布在池塘、湖泊。繁殖为无性生殖。

样品采集地：陕西省西安市皂河中游，浐河中游、下游，洋峪河上游；渭南市沈河下游；宝鸡市清水河上游。

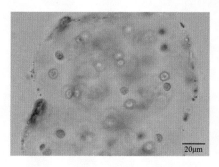
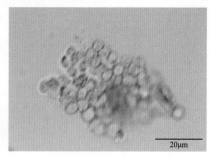
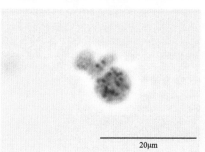
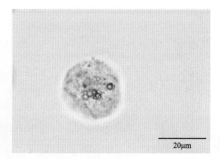

1.7 鱼腥藻属 *Anabaena*

分类地位：蓝藻纲（Cyanophyceae）念珠藻目（Nostocales）念珠藻科（Nostocaceae）

形态特征：藻体为单一丝状体、不定型胶质块或柔软膜状。藻丝等宽或末端尖，直或不规则弯曲，每条藻丝常呈念珠状。异形胞常位于间位。孢子1个或几个成串，紧靠异形胞或位于异形胞之间。

生物学特性：主要分布在淡水中。以段殖体或孢子繁殖。

样品采集地：陕西省西安市大峪河上游、下游，涝河上游，太乙河下游，皂河中游，小峪河下游，黑河上游、中游；渭南市零河上游，沈河上游，赤水河上游、下游；宝鸡市磻溪河下游，清姜河下游。

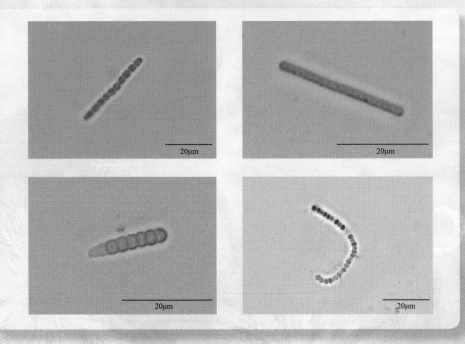

1.8 腔球藻属 *Coelosphaerium*

分类地位：蓝藻纲（Cyanophyceae）色球藻目（Chroococcales）平裂藻科（Merismopediaceae）

形态特征：藻体由多细胞组成，具有胶被，群体中空，一般为球形、卵形或椭圆形。群体胶被较厚，透明无色；细胞内含物分布均匀，一般为蓝绿色或橄榄绿色。

生物学特性：生长于淡水中，以群体断裂或细胞分裂繁殖。

样品采集地：陕西省西安市黑河中游；渭南市潼峪河上游。

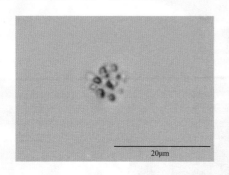
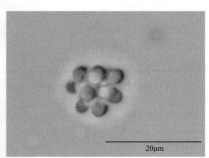

1.9　色球藻属 *Chroococcus*

分 类 地 位：蓝藻纲（Cyanophyceae）色球藻目（Chroococcales）色
　　　　　　球藻科（Chroococcaceae）

形 态 特 征：细胞球形或近球形，刚分裂后呈半球形。一般为由2、
　　　　　　4、8、16或更多细胞组成的群体，细胞群体胶被较
　　　　　　厚。原生质体呈多种颜色，如灰蓝、蓝绿、橘黄。每
　　　　　　个细胞外都有均质的或有层理的胶鞘。细胞分裂面有
　　　　　　3个。

生物学特性：生长于各种水体或潮湿环境中。

样品采集地：陕西省渭南市沈河下游。

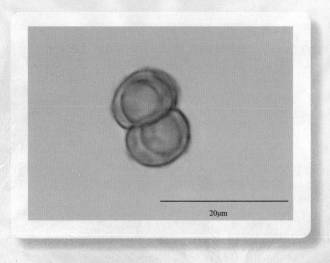

20

2 金藻门 Chrysophyta

2.1 单鞭金藻属 *Chromulina*

分类地位：金藻纲（Chrysophyceae）金孢藻目（Chrysomonadales）单鞭金藻科（Chromulinaceae）

形态特征：藻体为单细胞，细胞呈球形、椭圆形、卵形或梨形、纺锤形，前端具有1条鞭毛，有些种类鞭毛基部有1个红色眼点。细胞裸露能变形。表质平滑或者具有小颗粒。色素体片状，1~2块，位于细胞两侧，1个细胞核。

生物学特性：淡水、海水中均有分布。繁殖主要为细胞纵分裂，有的可产生内生孢子。

样品采集地：陕西省西安市灞河中游。

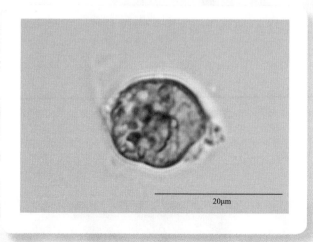

2.2 鱼鳞藻属 *Mallomonas*

分类地位：黄群藻纲（Synurophyceae）黄群藻目（Synurales）鱼鳞藻科（Mallomonadaceae）

形态特征：藻体为单细胞，细胞呈球形、圆柱形、纺锤形、卵形、椭圆形等；表质覆盖着硅质化鳞片，鳞片的形状和排列方式多样，细胞前部称领部鳞片，细胞中部称体部鳞片，细胞后部称尾部鳞片，圆拱形盖、盾片和凸缘是绝大多数鳞片的组成部分，每个鳞片上具有1条硅质长刺或无，细胞前端具有条鞭毛，具至几个能收缩的液泡。色素体片状，周生，2个，少数1个，无眼点。全部鳞片或仅顶部鳞片上有长刺。

生物学特性：一般分布在水坑、湖泊、池塘和沼泽中。繁殖主要以细胞纵分裂为主。

样品采集地：陕西省西安市皂河上游，浐河中游、下游，浐河灞河交汇处，涝河中游，黑河下游；宝鸡市石头河上游。

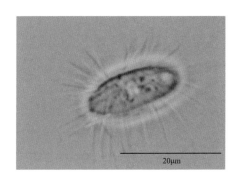

20μm

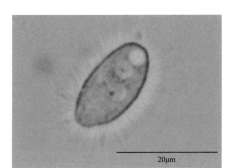

20μm

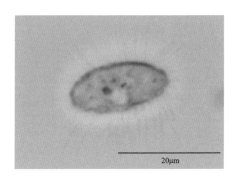

20μm

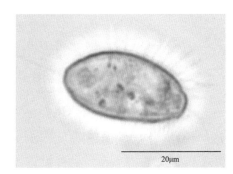

20μm

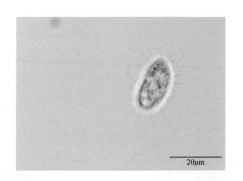

20μm

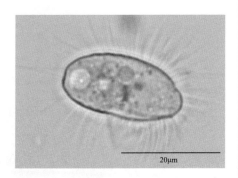

20μm

3 硅藻门 Bacillariophyta

3.1 脆杆藻属 *Fragilaria*

分类地位：羽纹纲（Pennatae）无壳缝目（Araphidiales）脆杆藻科（Fragilariaceae）

形态特征：藻体为单细胞或者互相连接成为一个带状、Z状或星状群体；壳体圆柱形、菱形、椭圆形或披针形；壳面长披针形至细长线形、菱形等，两侧对称，有些种类的一端膨大，也有少数种类具波形的边缘；具有线形假壳缝，假壳缝的两侧具有细的横线纹或横肋纹；带面长方形，具有间生带和隔膜；色素体小颗粒状或为片状，多数。

生物学特性：主要分布在池塘、水沟、湖泊沿岸带等。繁殖以细胞分裂为主；无性繁殖产生复大孢子。

样品采集地：陕西省西安市涝河上游，灞河中游，太乙河上游，黑河中游、下游。

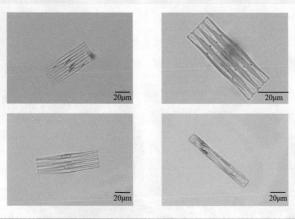

3.2 等片藻属 *Diatoma*

分类地位：羽纹纲（Pennatae）无壳缝目（Araphidiales）脆杆藻科（Fragilariaceae）

形态特征：藻体常常连成带状的群体以及Z形或者星形的群体；壳面线形或披针形，有的种类两端略膨大；假壳缝狭窄，两侧具有细横线纹和肋纹，有清晰的黏液孔；带面长方形，具有1至多条间生带；大多数色素体呈椭圆形。

生物学特性：一般分布在在池塘、湖泊以及河流等淡水水体中，也可在半咸水、微咸水水体中生长，是比较常见的沿岸带着生种类。每个母细胞形成1个复大孢子。

样品采集地：陕西省西安市大峪河中游、下游，涝河上游，太乙河中游，小峪河全流域，皂河上游，灞河上游、下游，浐河中游，沣河中游，洋峪河上游、下游，黑河中游、下游；渭南市罗夫河全流域，潼峪河全流域，赤水河全流域，沋河下游，零河中游；宝鸡市磻溪河全流域，清姜河上游，石头河全流域。

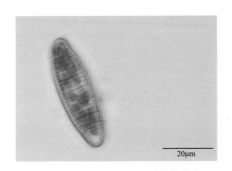
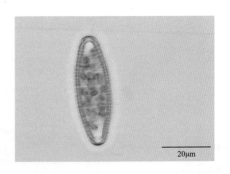

20μm   20μm

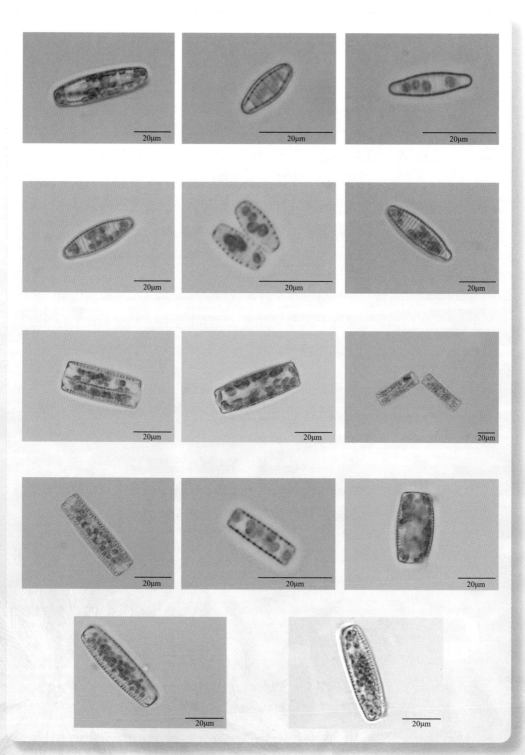

3.3　辐节藻属 *Stauroneis*

分类地位：羽纹纲（Pennatae）双壳缝目（Biraphidinales）舟形藻科（Naviculaceae）

形态特征：藻体为单细胞，少数连成带状群体；壳面长椭圆形、舟形或狭披针形，末端头状、钝圆形或喙状；中轴区狭，壳缝直，极节很细，中央区增厚并扩展到壳面两侧，并且没有花纹，称辐节；壳缝两侧具有略呈放射状的平行排列的线纹或点纹，辐节和中轴区将壳面花纹划分成4个部分；具有间生带。色素体片状，2个，每个色素体具有2~4个蛋白核。

生物学特性：主要分布在淡水、半咸水和海水中。繁殖以细胞分裂为主，由2个母细胞的原生质体形成2个配子，互相结合形成2个复大孢子。

样品采集地：陕西省西安市滈河下游，涝河上游、下游，太乙河中游，皂河上游、下游，洋峪河上游，黑河上游。

3.4 直链藻属 *Melosira*

分 类 地 位：中心纲（Centricae）圆筛藻目（Coscinodiscales）圆筛藻科（Coscinodiscaceae）

形 态 特 征：藻体是单细胞，常由细胞壳面互相连接成链状。细胞形状多为圆柱形，部分为圆盘形、椭圆形或者球形；有的带面有1条线性的环状缢缩（称作"环沟"），环沟间平滑，其余部分平滑或者具有纹饰；若有2条环沟，两沟之间的部分称作"颈部"，细胞间的沟状缢入部分称作"假环沟"。细胞壳的表面多为圆形，少数为椭圆形，表面平或凸起，或具花纹；壳面一般具棘或刺。色素体为多个，常为小圆盘状。

生物学特性：主要分布在透明度相对较高的池塘、浅水湖泊、沟渠中或者水流缓慢的河流、溪流中。繁殖为无性生殖产生休眠孢子，有性生殖产生复大孢子。

样品采集地：陕西省西安市涝河下游，太乙河中游、下游，浐河中游，洋峪河上游、下游，渭南市沈河下游，赤水河上游。

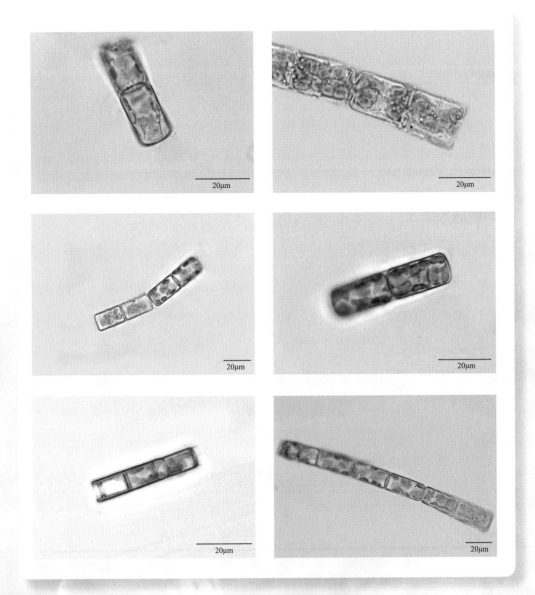

3.5 菱形藻属 *Nitzschia*

分类地位：羽纹纲（Pennatae）管壳缝目（Aulonoraphidinales）菱形藻科（Nitzschiaceae）

形态特征：藻体是单细胞，细胞纵长，直或S形，少为椭圆形，壳面线形、披针形，两端渐尖或钝。藻体或是带状、星状群体，或是位于分枝、不分枝的胶质管中。壳面一侧有龙骨突起，突起上具有管壳缝，管壳缝内壁龙骨点明显，壳面具有横线纹或由点纹组成的横线纹。无间生带和隔膜；色素带位于带面一侧，片状，2个、少数4~6个。

生物学特性：分布广泛，淡水和海水中均有分布。繁殖为2个母细胞结合产生1对复大孢子。

样品采集地：陕西省西安市大峪河中游，涝河中游、下游，太乙河中游，皂河全流域，灞河全流域，浐河中游、下游，浐河灞河交汇处，洋峪河上游、下游，黑河全流域；渭南市罗夫河全流域，零河全流域，赤水河全流域，潼峪河中游；宝鸡市磻溪河全流域，清水河上游，清姜河上游，茵香河中游，石头河全流域。

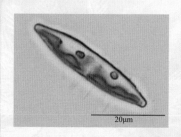
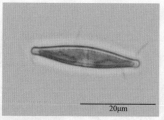
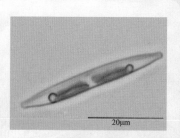

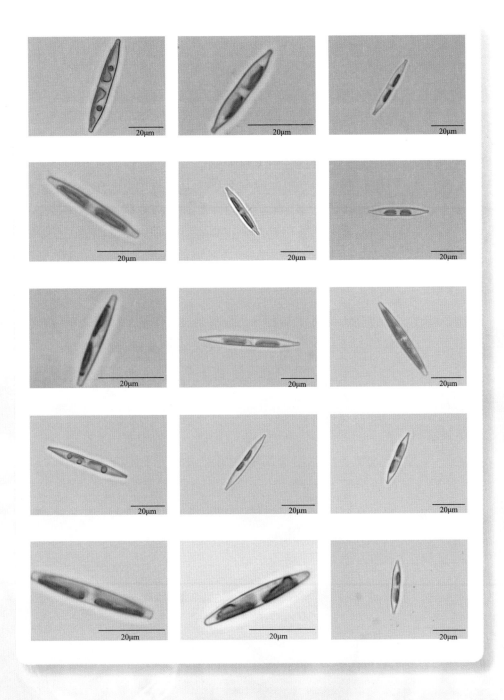

3.6 卵形藻属 *Cocconeis*

分类地位：羽纹纲（Pennatae）单壳缝目（Monoraphidales）曲壳藻科（Achnanthaceae）

形态特征：藻体是单细胞，壳面呈椭圆形、宽椭圆形，上下壳面外形相同，花纹相似或者各异，上下两个壳面中一个壳面具有假壳缝，另一个壳面具有直的壳缝，有中央节和极节，壳缝和假壳缝的两侧均有纹饰。带面横向弯曲，具不完全的横隔膜。色素体呈片状，1个，蛋白核1~2个。

生物学特性：多数种类分布在海水中，分布在淡水中的种类附着于基质上生长，常大量发生。繁殖有性生殖为2个母细胞结合形成1个复大孢子，或单性生殖每个配子发育成1个复大孢子。

样品采集地：陕西省西安市大峪河上游、中游，潏河中游，太乙河全流域，小峪河全流域，灞河中游、下游，浐河中游、下游，沣河上游、中游，洋峪河上游、下游；渭南市罗夫河中游、下游，零河下游，沈河下游，赤水河上游、下游；宝鸡市磻溪河全流域，石头河中游、下游，茵香河上游。

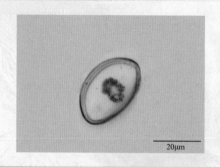
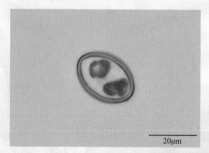

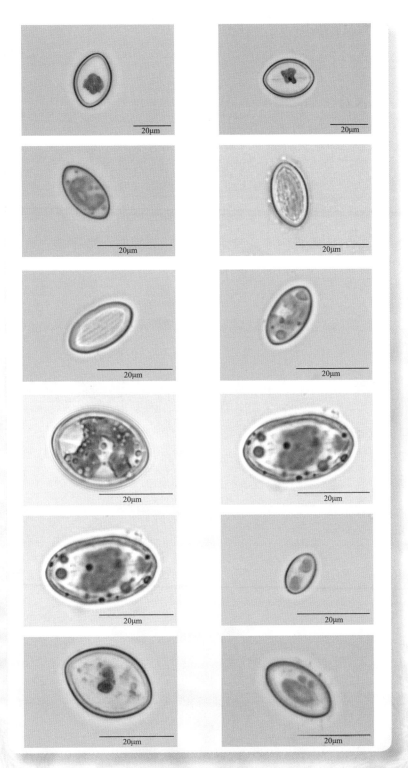

3.7 双壁藻属 *Diploneis*

分类地位：羽纹纲（Pennatae）双壳缝目（Biraphidinales）舟形
藻科（Naviculaceae）

形态特征：壳面多呈椭圆形，少数线形或提琴形；壳缝直，两侧
具有由中央节侧缘延长而形成的角状凸起，角状凸起
外侧为或宽或窄的壳缝，壳缝的外侧是横肋纹或横线
纹；带面长方形。

生物学特性：分布广泛，常见于沿岸带的浅水水体中。

样品采集地：陕西省渭南市赤水河上游，罗夫河中游，零河下游，
潼峪河上游，沈河下游；西安市黑河中游、下游。

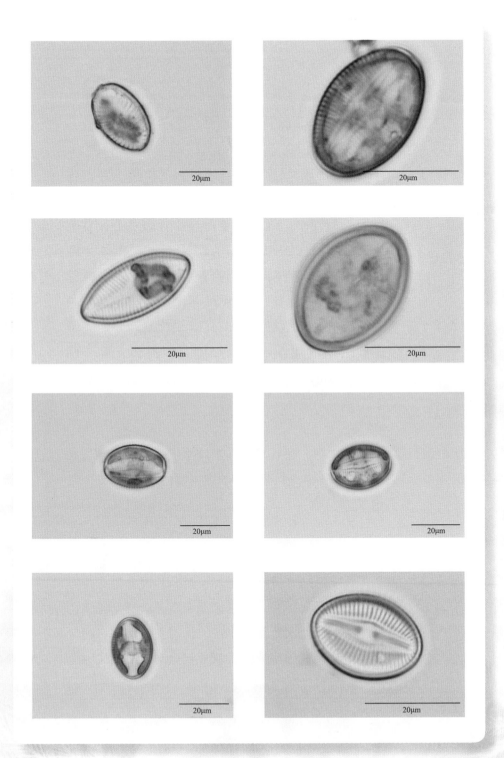

3.8 桥弯藻属 *Cymbella*

分类地位：羽纹纲（Pennatae）双壳缝目（Biraphidinales）桥弯藻科（Cymbellaceae）

形态特征：藻体为单细胞，或为分枝或不分枝的群体，浮游或着生，着生种类的细胞位于短胶质柄的顶端或者在分歧的胶质管中。壳面有着明显的背腹之分，背侧凸出，腹部平直或中部略凸出或凹入；藻体为新月形、线形、半椭圆形、半披针形、舟形、披针形，末端钝圆或渐尖；中轴区两侧不对称，具有中央节和极节；壳缝略弯曲，具有线纹或点纹，大部分中间的横纹比两端的横纹少。带面长方形，两侧平行，无间生带和隔膜；具有1个侧生的片状色素体。

生物学特性：常见于淡水中，还有少数在半咸水中。主要繁殖方式为细胞分裂，由2个母细胞的原生质体结合形成2个复大孢子。

样品采集地：陕西省西安市大峪河全流域，涝河上游，小峪河上游，灞河全流域，浐河中游、下游，沣河上游，洋峪河上游、下游，黑河全流域；渭南市罗夫河全流域，零河下游，潼峪河上游、中游，沋河下游，赤水河全流域；宝鸡市磻溪河上游，清姜河全流域，石头河全流域。

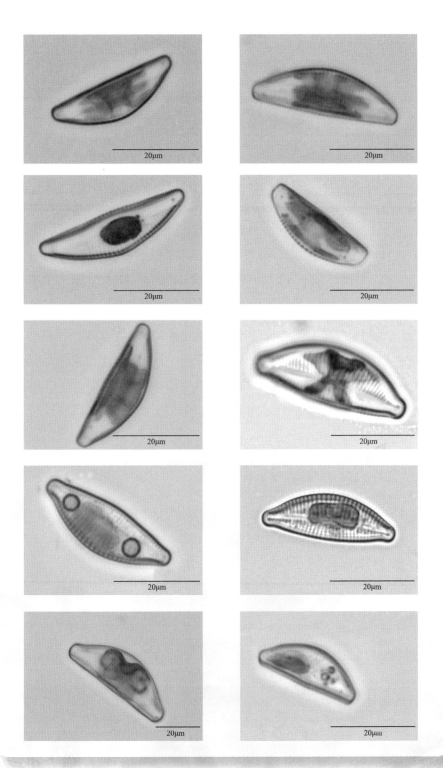

3.9 曲壳藻属 *Achnanthes*

分类地位：羽纹纲（Pennatae）单壳缝目（Monoraphidales）曲壳藻科（Achnanthaceae）

形态特征：藻体为单细胞，或以壳面互相连接形成带状或书状群体，浮游或者以胶柄着生。壳面线性披针形、线性椭圆形、椭圆形、菱形披针形，一壳凸出，具假壳缝，另一个凹入，具典型的壳缝，中央节明显，有时呈十字，极节不明显。两壳纹饰相似，或一壳横线纹平行，另一壳具放射状；壳面纵长弯曲，呈膝曲状或者弧形，有明显花纹。色素体片状1~2个，小盘状多数。

生物学特性：主要分布在海洋中，淡水中的种类多生长于丝状藻类、沉水生高等植物或其他基质上，或亚气生。繁殖为有性生殖时，2个母细胞的原生质体分裂成2个配子，成对的配子结合，形成2个复大孢子。

样品采集地：陕西省西安市大峪河中游、下游，潏河下游，涝河上游，太乙河上游、下游，小峪河全流域，灞河下游，浐河全流域，沣河上游、下游，洋峪河上游，黑河全流域；渭南市罗夫河上游，零河下游，潼峪河上游，沈河下游，赤水河上游、下游；宝鸡市磻溪河上游，石头河上游、下游，清姜河上游。

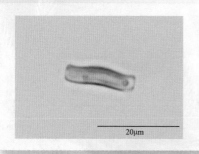

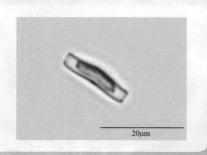

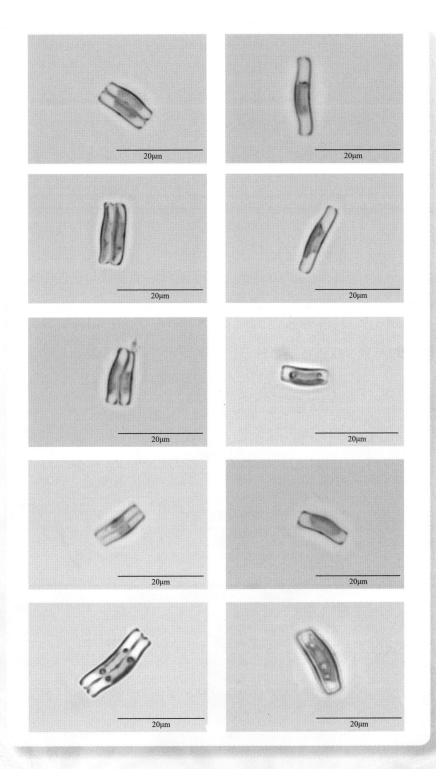

3.10 双菱藻属 *Surirella*

分 类 地 位：羽纹纲（Pennatae）管壳缝目（Aulonoraphidinales）双菱藻科（Surirellaceae）

形 态 特 征：藻体为单细胞，细胞壳面呈线形、椭圆形或卵形，呈横向上下波状起伏，或平直、或弯曲，两侧壳面均有龙骨，龙骨上具有管壳缝，管壳缝通过翼沟与细胞内部联系，翼沟之间通过膜联系，构成中间间隙，壳面具有纹饰，横肋纹或者横线纹，或长或短，带面呈长方形或楔形。色素体侧生片状，1块。

生物学特性：多分布于热带、亚热带淡水、半咸水或海水中。繁殖为有性生殖，2个母细胞的原生质体结合成1个复大孢子。

样品采集地：陕西省西安市大峪河下游，涝河上游、下游，太乙河中游、下游，小峪河全流域，灞河全流域，浐河全流域，洋峪河上游、下游，浐河灞河交汇处；渭南市罗夫河下游，零河全流域，潼峪河下游，沈河下游，赤水河中游；宝鸡市石头河上游、下游。

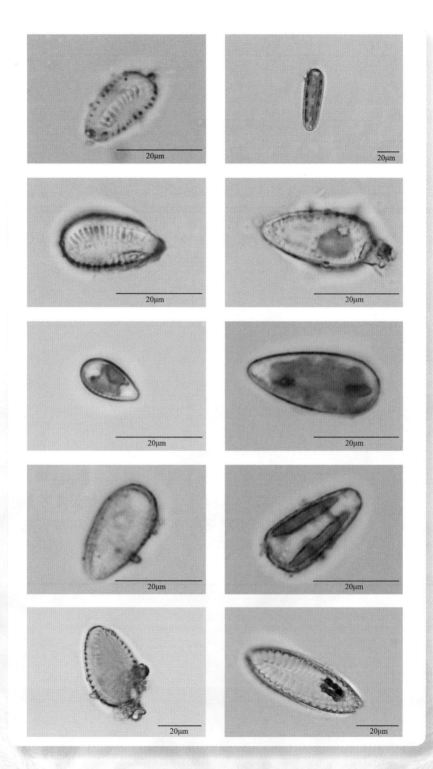

3.11　小环藻属 *Cyclotella*

分类地位： 中心纲（Centricae）圆筛藻目（Coscinodiscales）圆筛藻科（Coscinodiscaceae）

形态特征： 藻体是单细胞，或由小棘互相连接成链状群体，或包在自身分泌的胶被中。细胞形状一般为鼓形，壳面形状多数为圆形，极少数为椭圆形；一般具同心圆的同心波曲，或与切线平行的波状褶皱，极少数呈平直态，纹饰边缘区有辐射状线纹，中央平滑或有放射状点纹、孔纹等，部分种类壳边缘具有小棘。少数有间生带，色素体小盘状，多数。

生物学特性： 多生长在池塘、浅水湖泊、沼泽等淡水中。个别种类喜盐。繁殖方式为细胞分裂；无性生殖时每个母细胞产生1个复大孢子。

样品采集地： 陕西省西安市涝河下游，太乙河全流域，皂河上游，灞河中游、下游，浐河全流域，浐河灞河交汇处，沣河上游、中游，浐河下游，洋峪河上游，黑河全流域；渭南市罗夫河全流域，零河中游、下游，潼峪河中游，沈河下游，赤水河全流域；宝鸡市磻溪河上游，清姜河上游，石头河下游。

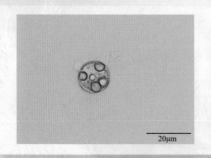
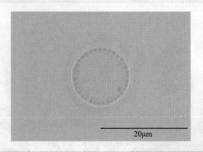

20μm　　　　　　20μm

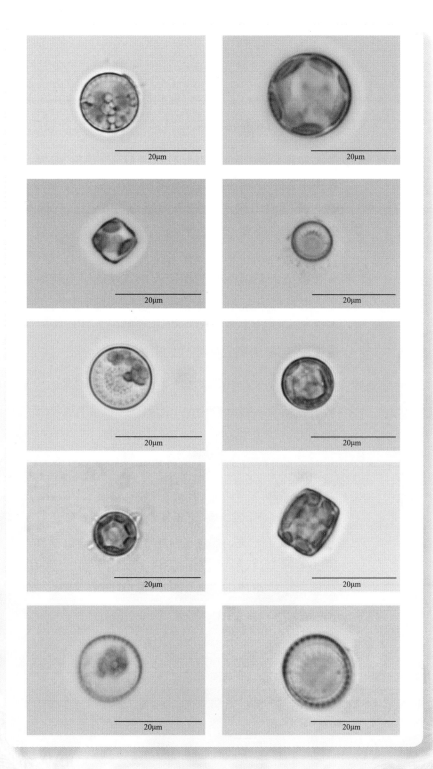

3.12 异极藻属 *Gomphonema*

分类地位：羽纹纲（Pennatae）双壳缝目（Biraphidinales）异极藻科（Gomphonemaceae）

形态特征：藻体为单细胞，或者为分枝或不分枝的树状群体，营着生生活，细胞位于胶质柄的顶端，有时细胞会从胶质柄脱落成为偶然性的单细胞浮游种类。壳面呈棒形、披针形或楔形，上下两端不对称，上宽下窄；中轴区狭窄、直，且壳缝位于中轴区的中央；具有中央节和极节；壳缝两侧的横线纹由点纹和细点纹组成，呈放射状排列，有些种类在中央区一侧有1个、2个或者多个单独的点纹。带面多呈楔形、末端截形，无间生带；具有1块侧生的片状色素体。

生物学特性：主要分布在淡水中，少数生长在半咸水或海洋中。主要繁殖方式为细胞分裂，由2个母细胞的原生质体分别形成2个配子，互相结合形成2个复大孢子。

样品采集地：陕西省西安市大峪河全流域，潏河下游，涝河下游，太乙河全流域，小峪河全流域，皂河上游，灞河上游，浐河全流域，沣河上游、下游，浇河上游，洋峪河上游、下游，黑河上游、中游；渭南市罗夫河上游，零河全流域，潼峪河下游，沋河下游，赤水河全流域；宝鸡市磻溪河上游，清姜河上游、下游，茵香河上游，石头河全流域。

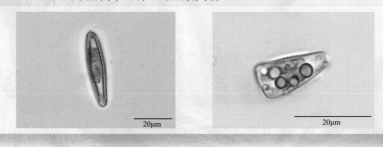

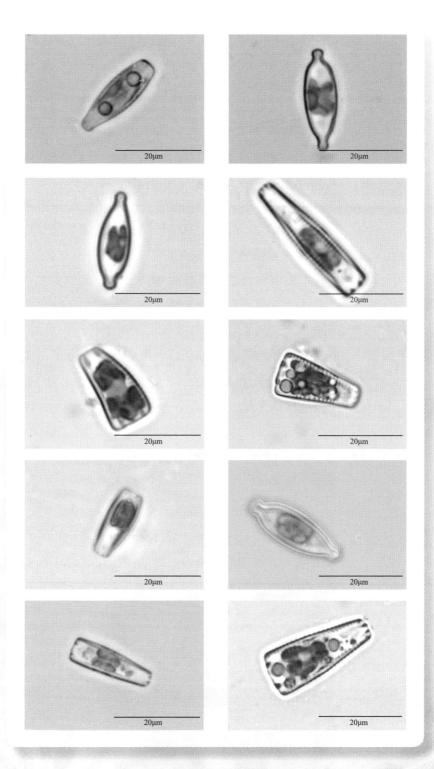

3.13 羽纹藻属 *Pinnularia*

分类地位： 羽纹纲（Pennatae）双壳缝目（Biraphidinales）舟形
藻科（Naviculaceae）

形态特征： 藻体为单细胞，或连成丝状群体。壳面线形、椭圆
形、线形披针形、椭圆披针形，两侧平行，少数种类
两侧中部膨大，或呈对称的波状；中轴区呈狭线形、
宽线形或宽披针形，有些种类超过壳面宽度的1/3，
具有中央节和极节，常在近中央节和极节处膨大；壳
缝发达，直或者弯曲；壳面具有或粗或细或横向或平
行的肋纹，每条肋纹系1条管沟，每条管沟内具有1~2
个纵隔膜，将管沟隔成2~3个小室，有的种类由于肋
纹的纵隔膜形成纵横纹；带面长方形，无间生带和隔
片；色素体片状，2块，位于两侧，各具1个蛋白核。

生物学特性： 多分布在淡水、半咸水或海水中，繁殖以细胞分裂
为主。

样品采集地： 陕西省西安市皂河下游，黑河全流域；渭南市罗夫河
全流域，零河中游、下游，潼峪河中游，赤水河全流
域；宝鸡市清姜河全流域，石头河上游、下游。

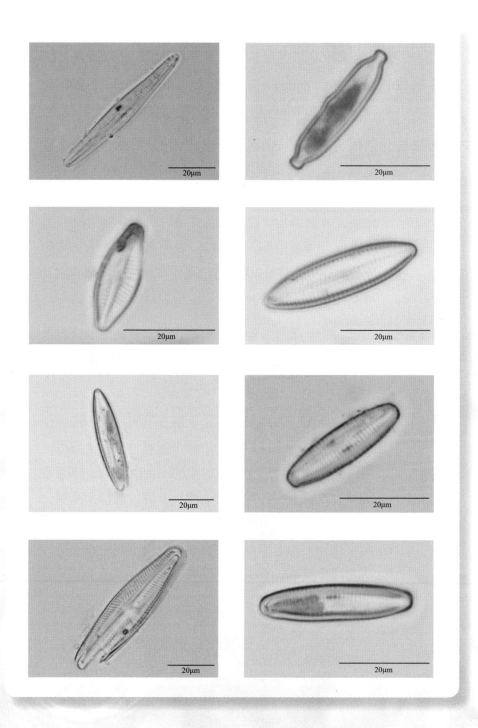

3.14 针杆藻属 *Synedra*

分类地位：羽纹纲（Pennatae）无壳缝目（Araphidiales）脆杆藻科（Fragilariaceae）

形态特征：藻体为单细胞或放射状群体以及扇状群体，细胞呈长线形；壳面线形或者披针形，中部至两端逐渐变尖或者等宽，末端呈头状或钝圆；带面长方形，末端截形，具有明显线纹；具假壳缝，且两侧具有横线纹或点纹，壳面中部少见花纹；壳面末端有或无黏液孔（胶质孔）；具有2块带状色素体，且位于细胞两侧，每个色素体常具有3个甚至以上的蛋白核。

生物学特性：分布很广，常见于池塘、水沟、河流及湖泊等淡水水域中，浮游或生长在基质上。主要繁殖方式为细胞分裂，每个细胞可产生1~2个复大孢子。

样品采集地：陕西省西安市大峪河中游、下游，潏河下游，涝河全流域，太乙河全流域，小峪河全流域，皂河全流域，灞河全流域，浐河全流域，浐河灞河交汇处，沣河全流域，浇河下游，洋峪河上游、下游，黑河全流域；渭南市罗夫河全流域，零河中游、下游，潼峪河中游，沈河下游，赤水河全流域；宝鸡市磻溪河上游，清姜河全流域，石头河全流域。

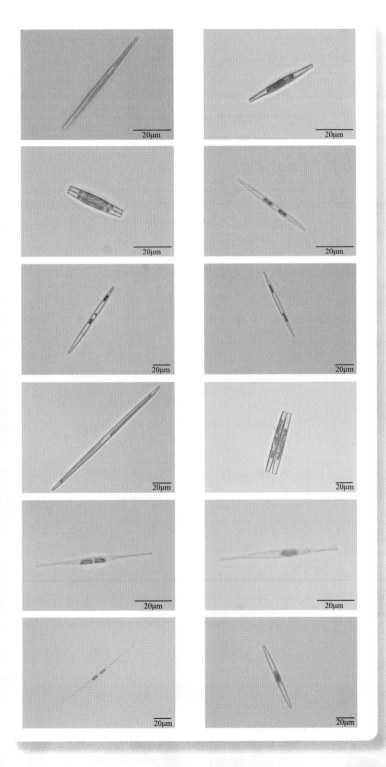

3.15　舟形藻属 *Navicula*

分类地位： 羽纹纲（Pennatae）双壳缝目（Biraphidinales）舟形藻科（Naviculaceae）

形态特征： 藻体为单细胞，细胞两侧对称，少数由胶质互相粘连成群体；壳面线形、披针形、椭圆形或菱形，末端头状、钝圆或喙状；中轴区狭窄，壳缝发达，有中央节和极节，大部分种类的中央节为圆形或者菱形，有的种类极节呈扁圆形；壳面有横纹、布纹或窝孔纹。带面长方形，无间生带。色素体片状或带状，一般为2块。

生物学特性： 多数分布于淡水中，也有少数分布在咸水和海水中。繁殖为无性时，以细胞分裂为主，有性生殖由2个母细胞的原生质分裂形成2个复大孢子。

样品采集地： 陕西省西安市大峪河全流域，潏河下游，涝河全流域，太乙河全流域，小峪河全流域，皂河全流域，灞河全流域，浐河全流域，浐河灞河交汇处，沣河上游、中游，洨河上游，洋峪河上游、下游，黑河全流域；渭南市罗夫河全流域，零河全流域，潼峪河全流域，沋河下游，赤水河全流域；宝鸡市磻溪河全流域，清姜河全流域，茵香河下游，石头河全流域。

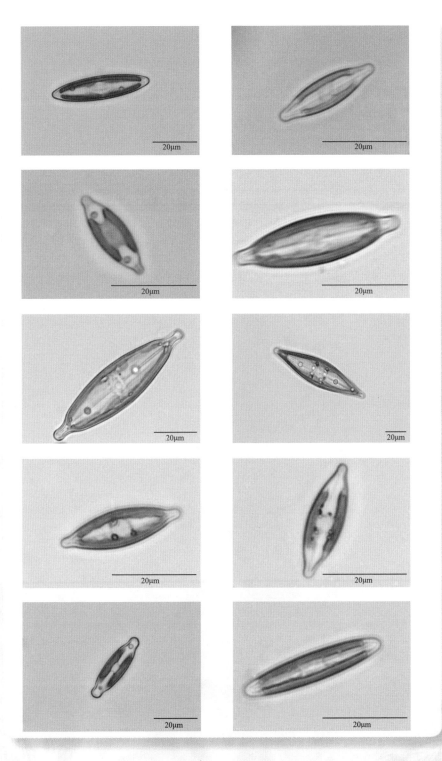

3.16　短缝藻属 *Eunotia*

分类地位：羽纹纲（Pennatae）拟壳缝目（Raphidionales）短缝藻科（Eunotiaceae）

形态特征：藻体单细胞或由壳面互相连接成带状群体。壳面弓形，背缘凸出，拱形或呈波状弯曲，腹缘平直或凹入，两端大小相同，每端有1个明显的极节，短壳缝从极节斜向腹侧边缘，没有中央节，具横线纹。带面长方形，常具间生带。

生物学特性：生于池塘等水体中。繁殖以细胞分裂为主，有性生殖时由2个母细胞结合形成1个复大孢子。

样品采集地：陕西省渭南市潼峪河中游。

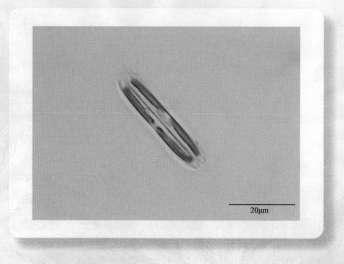

20μm

3.17　双眉藻属 *Amphora*

分类地位：羽纹纲（Pennatae）双壳缝目（Biraphidinales）桥弯藻科（Cymbellaceae）

形态特征：藻体多为单细胞。壳面两侧不对称，有明显的背腹之分，壳面略呈镰刀形，末端钝圆形或两端延长呈头状；壳缝直，拱形或微S形，或显著偏离中央，中轴区更明显的偏于壳面凹入的一侧。具中央节和极节。色素体1块或2~4块。

生物学特性：淡水种类不多，繁殖以细胞分裂为主，有性生殖时由2个母细胞的原生质结合形成1对复大孢子。

样品采集地：陕西省渭南市罗夫河上游，零河中游，潼峪河全流域，赤水河全流域；宝鸡市磻溪河上游，清姜河全流域；西安市黑河全流域；宝鸡市石头河全流域。

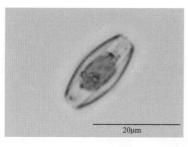
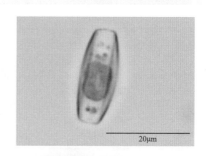
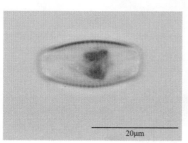
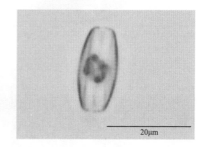

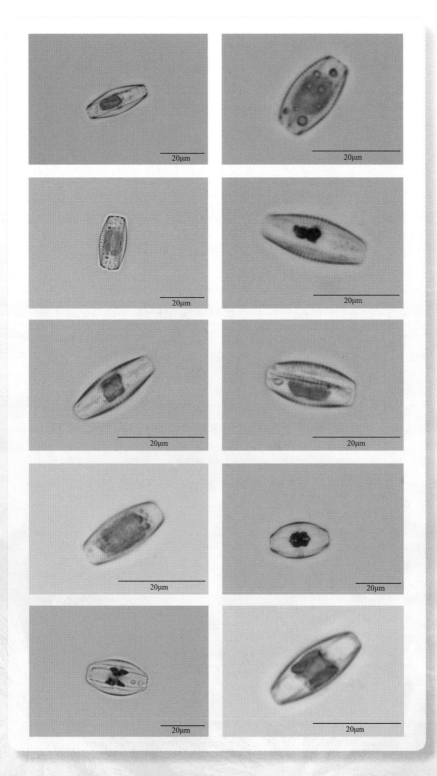

3.18　胸隔藻属 *Mastogloia*

分 类 地 位：羽纹纲（Pennatae）双壳缝目（Briaphidinales）舟形
　　　　　　藻科（Naviculaceae）

形 态 特 征：壳面呈椭圆形或菱形，尖端钝圆或渐尖；带面为长方
　　　　　　形，壳与壳环之间有一条细的长方形纵裂隔膜，隔膜
　　　　　　中不具有大型的穿孔。

生物学特性：常分布于热带或亚热带的河流湖泊中。

样品采集地：陕西省渭南市赤水河上游、下游，沈河下游；宝鸡市
　　　　　　清姜河上游，茵香河上游，石头河全流域。

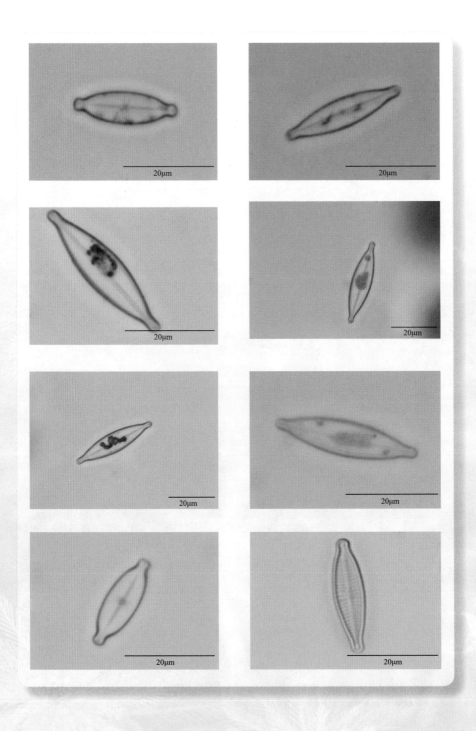

3.19　星杆藻属 *Asterionella*

分 类 地 位：羽纹纲（Pennatae）无壳缝目（Araphidiales）脆杆藻
　　　　　　　科（Fragilariaceae）

形 态 特 征：细胞群体呈星状、螺旋状等；细胞呈棒状，两端异
　　　　　　　形，通常一端扩大。

生物学特性：分布广泛,淡水、海水中均有分布,条件适宜时可形成
　　　　　　　水华。

样品采集地：陕西省渭南市零河上游。

3.20 布纹藻属 *Gyrosigma*

分类地位：羽纹纲（Pennatae）双壳缝目（Biraphidinales）舟形藻科（Naviculaceae）

形态特征：单细胞，壳面披针形，略呈S形弯曲，两端钝圆至平截形，中央区长椭圆形，壳缝两侧具纵线纹和横线纹十字形交叉构成的布纹，纵线纹和横线纹相等粗细，两壳面都有壳缝。2块片状色素体，常具几个蛋白核。

生物学特性：分布广泛，生长在湖泊、池塘、泉水、河流中。繁殖方式为细胞分裂。

样品采集地：陕西省渭南市零河下游，沈河下游，赤水河下游，罗夫河中游。

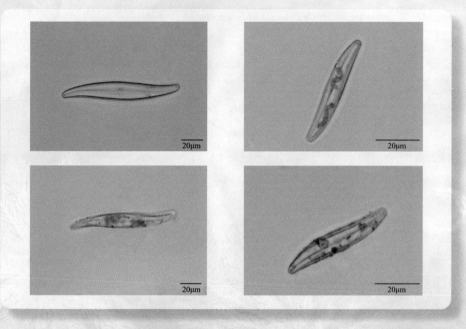

4 隐藻门 Cryptophyta

4.1 隐藻属 *Cryptomonas*

分类地位：隐藻纲（Cryptophyceae）隐鞭藻目（Cryptomonadales）隐鞭藻科（Cryptomonadaceae）

形态特征：单细胞，细胞椭圆形、豆形或纺锤形等。细胞前端处钝圆或斜截形，后端为或宽或窄的钝圆形。腹背扁平，背部隆起明显。腹侧具有明显口沟，2条鞭毛从口沟伸出。刺丝胞位于口沟处或细胞周围。色素体2个，多数具有1个蛋白核，在细胞后端具有单个细胞核。

生物学特性：常见于湖泊、池塘中。繁殖方式为细胞纵分裂。

样品采集地：陕西省宝鸡市石头河上游。

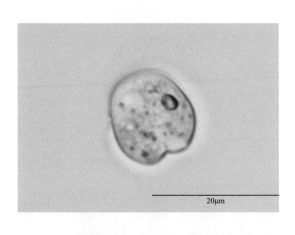

5 裸藻门 Euglenophyta

5.1 鳞孔藻属 *Lepocinclis*

分类地位：裸藻纲（Euglenophyceae）裸藻目（Euglenales）裸藻科（Euglenaceae）

形态特征：藻体细胞表质硬，体型稳定，一般呈球形、卵形、椭圆形或纺锤形，后端多具尾刺，或呈渐尖形；色素体盘状，多数；单鞭毛；具有眼点，无蛋白核。

生物学特性：多分布在淡水水体中。

样品采集地：陕西省西安市洋峪河下游。

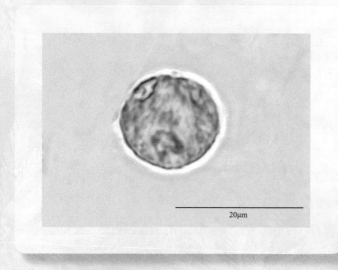

20μm

5.2 裸藻属 *Euglena*

分类地位：裸藻纲（Euglenophyceae）裸藻目（Euglenales）裸藻科（Euglenaceae）

形态特征：藻体单细胞，有的表质柔软，可变形；有的表质硬化，形状固定。细胞内具螺旋形排列的线纹或者颗粒；细胞多为纺锤形，尾部呈尾状或延伸，1条鞭毛，能整体活跃摆动。藻类中色素体多数存在，少数缺乏。眼点和鞭毛在绿色种类存在，在无色种类缺乏。

生物学特性：常见裸藻科。多分布于有机质丰富的小型静水水体中。繁殖以细胞纵分裂为主。

样品采集地：陕西省西安市太乙河下游，皂河上游，浐河上游、中游，沣河全流域，浐河中游，黑河下游；渭南市罗夫河中游，沈河下游，赤水河全流域；宝鸡市磻溪河上游，石头河上游、下游。

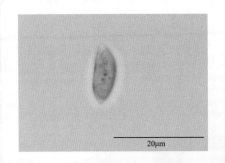
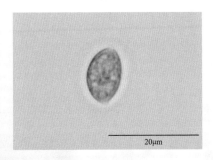

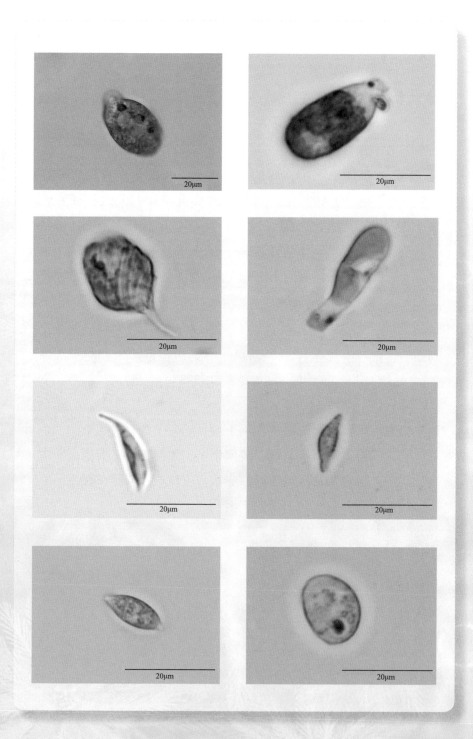

5.3 囊裸藻属 *Trachelomonas*

分类地位：裸藻纲（Euglenophyceae）裸藻目（Euglenales）裸藻科（Euglenaceae）

形态特征：藻体为单细胞，具有囊壳，囊壳呈球形、卵形、椭圆形或纺锤形等。囊壳表面光滑或具有花纹，囊壳无色，由于铁质沉积，呈现黄色、橙色或者褐色，透明或不透明；囊壳前端一般具有圆形鞭毛孔，有或无领，有或无环状加厚圈，囊壳内的原生质体裸露无壁，其他特征与裸藻属相似。

生物学特性：分布广泛，湖泊、沼泽等静水水体中常见。繁殖以细胞纵分裂为主。

样品采集地：陕西省西安市大峪河下游，涝河上游，太乙河全流域，小峪河上游，皂河全流域，浐河灞河交汇处，黑河下游；渭南市罗夫河下游，零河上游，潼峪河上游；宝鸡市磻溪河上游，清姜河上游，石头河下游。

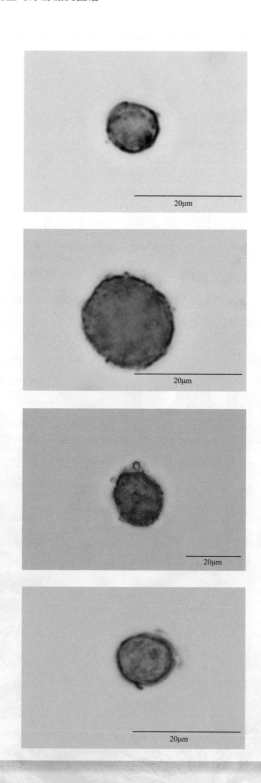

5.4　扁裸藻属 *Phacus*

分类地位：裸藻纲（Euglenophyceae）裸藻目（Euglenales）裸藻科（Euglenaceae）

形态特征：单细胞，细胞表质硬，形状固定，扁平，正面观一般呈圆形、卵形或椭圆形，有的呈螺旋形扭转，顶端具纵沟，后端多数呈尾状;表质具纵向或螺旋形排列的线纹、点纹或颗粒。绝大多数种类的叶绿体呈圆盘状，多数，无蛋白核;副淀粉较大，有环形、假环形、圆盘形、球形、线轴形或哑铃形等各种形状，常1个至数个，有时还有一些球形、卵形或杆形的小颗粒。单鞭毛。具有眼点。

生物学特性：广泛分布于湖泊及其他静水水体中，大量繁殖时，可使水体呈现绿色。繁殖方式通常为细胞纵分裂。

样品采集地：陕西省渭南市罗夫河上游、中游，零河上游，潼峪河上游，沈河下游，赤水河上游;宝鸡市清姜河上游。

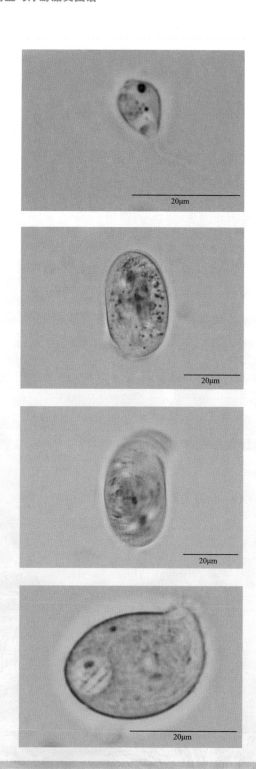

5.5　卡克藻属 *Khawkinea*

分类地位：裸藻纲（Euglenophyceae）裸藻目（Euglenales）裸藻科（Euglenaceae）

形态特征：细胞形态易变，一般呈纺锤形，表面具有螺旋形线纹，无色素体。

生物学特性：生长于淡水中，常生活在腐殖质丰富的小型水体中，腐生性营养。

样品采集地：陕西省渭南市潼峪河上游，沈河下游。

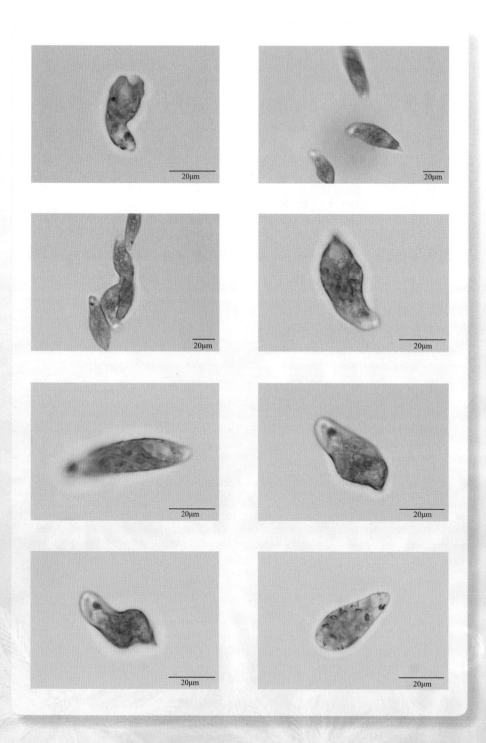

6 绿藻门 Chlorophyta

6.1 顶棘藻属 *Lagerheimiella*

分类地位：绿藻纲（Chlorophyceae）绿球藻目（Chlorococcales）小球藻科（Chlorellaceae）

形态特征：藻体为单细胞，浮游，细胞椭圆形或扁球形，细胞的两端和中部具有对称排列的长刺，刺的基部具或不具结节，色素体片状或盘状，1个或多个，各具1个蛋白核或无。

生物学特性：一般分布在小型淡水水体中，也有部分种类可以在半咸水水体中生长。繁殖方式有无性生殖和有性生殖，无性生殖产生2个、4个、8个似亲孢子，似亲孢子自母细胞壁开裂处逸出，细胞壁上的刺常在离开母细胞之后长出；有性生殖为卵式生殖。

样品采集地：陕西省西安市灞河中游，沣河下游；渭南市沈河下游，零河中游，赤水河下游。

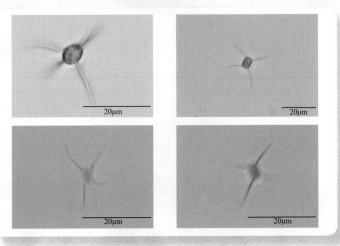

6.2 多芒藻属 *Golenkinia*

分类地位：绿藻纲（Chlorophyceae）绿球藻目（Chlorococcales）
绿球藻科（Chlorococcaceae）

形态特征：藻体细胞为球形，四周散生出多数不规则排列的纤细
刺毛。有时刺毛缠绕在一起，形成暂时的群体。色素
体1个，杯状。具有1个细胞核。

生物学特性：主要生长于有机质较多的水体中，繁殖为有性生殖和
无性生殖。有性生殖为卵式生殖，无性生殖产生动孢
子或似亲孢子。

样品采集地：陕西省西安市太乙河中游，黑河下游；渭南市罗夫河
中游，赤水河上游。

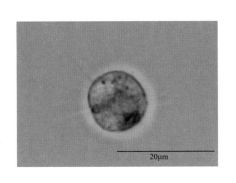

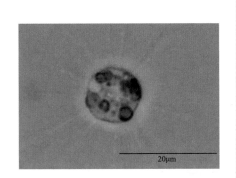

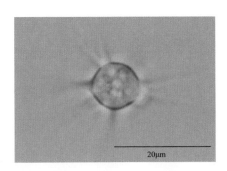

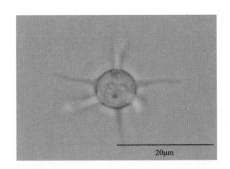

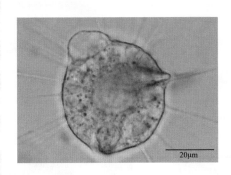

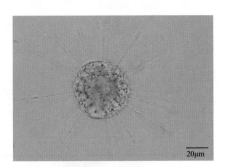

6.3　刚毛藻属 *Cladophora*

分类地位：绿藻纲（Chlorophyceae）刚毛藻目（Cladophorales）刚
毛藻科（Cladophoraceae）

形态特征：藻体为分枝丝状体，分枝丰富，具有顶部和基部的
分化；分枝有互生形、对生形或双叉形、三叉形；
分枝宽度小于主枝，或顶端略小；藻体着生，有些
种类幼藻体着生，长成后漂浮。细胞圆柱形或膨
大；多数种类壁厚，分层。色素体盘状，多数，
周生。

生物学特性：广泛分布在淡水、海水中。繁殖为无性生殖时，形成
动孢子；有性生殖为同配生殖。部分种类同型世代
交替。

样品采集地：陕西省西安市涝河下游，皂河上游。

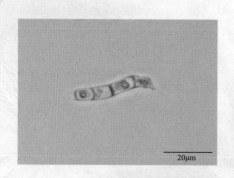
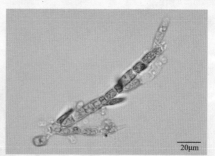

6.4 根枝藻属 *Rhizoclonium*

分类地位：绿藻纲（Chlorophyceae）刚毛藻目（Cladophorales）刚毛藻科（Cladophoraceae）

形态特征：藻体细胞为圆柱形，粗壮，浮游或着生。不分枝或分枝较短，少数具有细长分枝，但无明显的基部和顶部的分化。大多数的细胞壁厚且分层。色素体周生、盘状，具多数蛋白核。

生物学特性：主要分布于湖泊和池塘等水体。繁殖方式以丝状体断裂为主；无性生殖形成4条鞭毛的厚壁孢子；有性生殖为同配生殖。

样品采集地：陕西省西安市灞河上游，浐河中游。

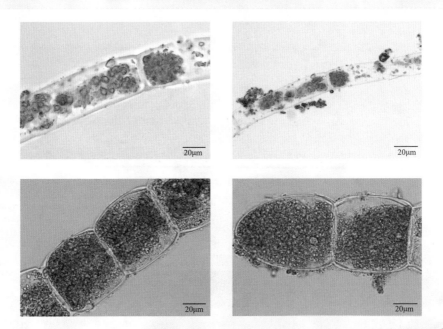

6.5 弓形藻属 *Schroederia*

分类地位： 绿藻纲（Chlorophyceae）绿球藻目（Chlorococcales）
小桩藻科（Characiaceae）

形态特征： 藻体是单细胞，长纺锤形、针形、弧曲形，直或弯曲
细胞两端延伸为长刺，末端为尖形；色素体片状，周
生，1个。1个蛋白核，有时2个。

生物学特性： 生长于池塘、湖泊等淡水水体中。繁殖方式为无性生
殖，产生游动孢子。

样品采集地： 陕西省西安市太乙河中游，皂河上游；宝鸡市磻溪河
上游。

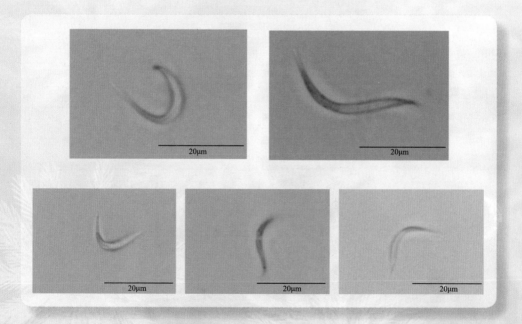

6.6 鼓藻属 *Cosmarium*

分类地位：双星藻纲（Zygnematophyceae）鼓藻目（Desmidiales）鼓藻科（Desmidiaceae）

形态特征：藻体大多是单细胞，细胞圆形、椭圆形、卵形等，偏扁，1个细胞分为2个对称的半细胞，长稍大于宽，细胞中部收缩成缢缝。半细胞具1~2个轴生的色素体或4个周生的色素体。

生物学特性：一般分布在于淡水水体中。繁殖以细胞分裂为主，有性生殖为接合生殖。

样品采集地：陕西省西安市太乙河全流域，小峪河上游、中游，皂河上游，灞河全流域，浐河上游、下游；渭南市罗夫河上游、下游；宝鸡市磻溪河上游，清姜河中游，石头河下游。

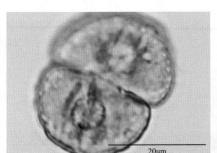
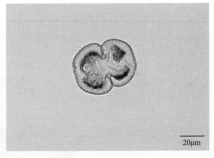

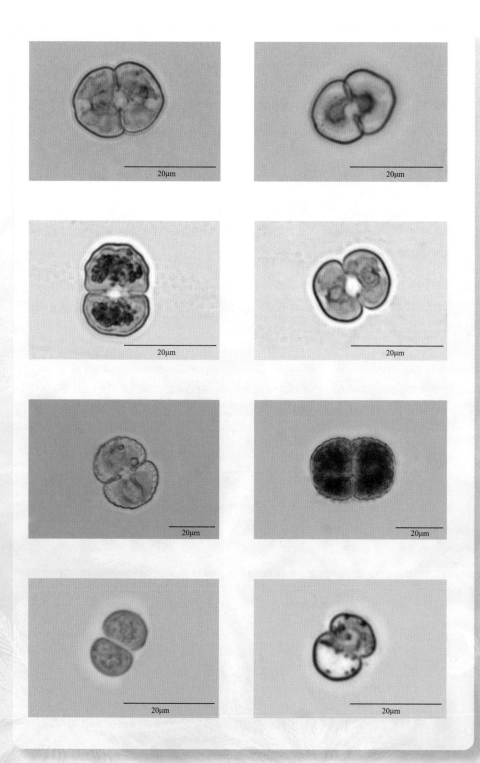

6.7　集星藻属 *Actinastrum*

分类地位：绿藻纲（Chlorophyceae）绿球藻目（Chlorococcales）栅藻科（Scenedesmaceae）

形态特征：藻体为真性定形群体，由4个、6个、8个细胞组成，无群体胶被，群体细胞一端彼此连接在群体中心，从群体中心处，以细胞长轴向外放射状排列，细胞长纺锤形、长圆柱形，两端渐尖细或一端平截，另一端渐尖细或略狭窄。色素体长片状，周生，1个。1个蛋白核。

生物学特性：一般分布在湖泊、池塘中。繁殖方式为无性生殖，产生似亲孢子。

样品采集地：陕西省西安市灞河中游、下游。

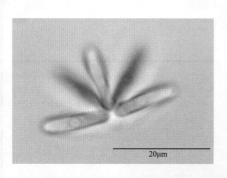

6.8　胶网藻属 *Dictyosphaerium*

分类地位：绿藻纲（Chlorophyceae）绿球藻目（Chlorococcales）
　　　　　　胶网藻科（Dictyosphaeriaceae）

形态特征：定形群体，有胶被。细胞呈球形、椭圆卵形或肾形常
　　　　　　2个或4个为一组，彼此分离，分离的各组与母细胞壁
　　　　　　残片相连。

生物学特性：主要分布在各种静水水体中。

样品采集地：陕西省西安市太乙河上游、中游，灞河下游;渭南市
　　　　　　　赤水河下游，零河下游。

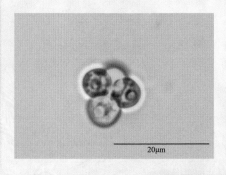
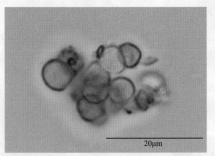

6.9 空星藻属 *Coelastrum*

分类地位：绿藻纲（Chlorophyceae）绿球藻目（Chlorococcales）栅藻科（Scenedesmaceae）

形态特征：藻体为真性定形群体，是由4个、8个、16个、32个、64个、128个细胞组成的空球体，球形至多角形。细胞以细胞壁上的凸起相互连接。细胞紧密连接，不易分散。色素体周生，幼时杯状，具有1个蛋白核，成熟后扩散，充满整个细胞。

生物学特性：一般分布在湖泊、池塘等淡水水体中。繁殖为无性生殖，产生似亲孢子。

样品采集地：陕西省西安市浐河中游。

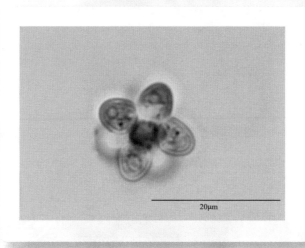

6.10　卵囊藻属 *Oocystis*

分类地位：绿藻纲（Chlorophyceae）绿球藻目（Chlorococcales）卵囊藻科（Oocystaceae）

形态特征：藻体单细胞或群体，常由2个、4个、8个、16个细胞组成，包被在部分胶化膨大的母细胞壁中。细胞椭圆形、卵形、纺锤形等，细胞壁平滑。色素体片状，周生，1个或多个，每个具有1个蛋白核或无。

生物学特性：一般分布在各种淡水水体中。繁殖为无性生殖，产生2个、4个、6个、8个或16个似亲孢子。

样品采集地：陕西省西安市大峪河上游，太乙河中游、下游，皂河中游。

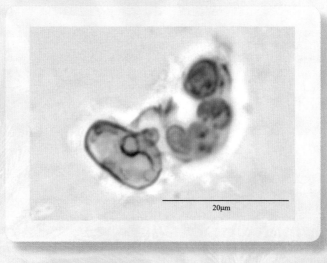

20μm

6.11 盘星藻属 *Pediasttum*

分类地位：绿藻纲（Chlorophyceae）绿球藻目（Chlorococcales）盘星藻科（Pediastraceae）

形态特征：藻体多数是由8个、16个、32个细胞构成的定形群体，细胞排列在1个平面上，大体呈星盘状。有1个细胞核；细胞壁平滑无花纹或细网纹。色素体1个，圆盘状，1个蛋白核，随成长而扩散为多个蛋白核。

生物学特性：一般分布在淡水水体中。无性生殖产生若干具2条鞭毛的动孢子，有性生殖为同配生殖。

样品采集地：陕西省西安市灞河上游、中游，小峪河下游。

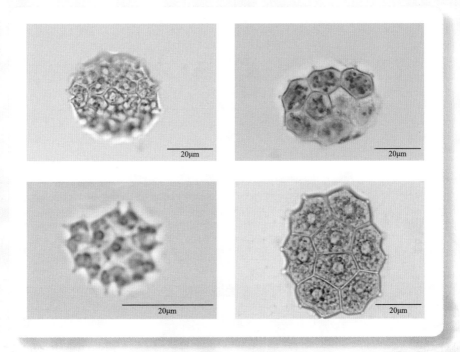

6.12 十字藻属 *Crucigenia*

分类地位：绿藻纲（Chlorophyceae）绿球藻目（Chlorococcales）栅藻科（Scenedesmaceae）

形态特征：藻体为定形群体，胶被不明显；细胞呈三角形、梯形、半圆形或椭圆形；定形群体由4个细胞排成长方形或正方形，呈十字，在同一平面；色素体1个，片状，周生。

生物学特性：主要分布在湖泊、池塘等淡水水体中，繁殖为无性生殖，产生似亲孢子。

样品采集地：陕西省西安市太乙河下游。

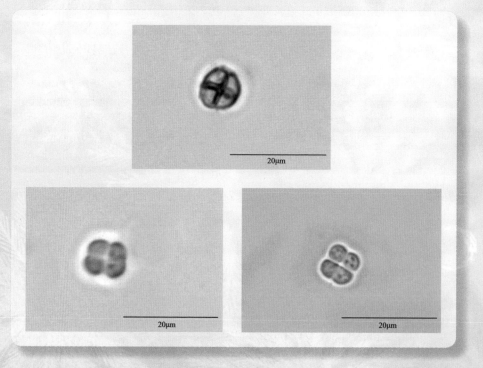

6.13 实球藻属 *Pandorina*

分类地位：绿藻纲（Chlorophyceae）团藻目（Volvocales）团藻科
（Volvocaceae）

形态特征：藻体为定形群体，具有胶被，球形或椭圆形。由4
个、8个、16个、32个细胞组成。每个细胞含1个细
胞核，1个含有蛋白核的叶绿体、1个眼点和2个伸
缩泡。

生物学特性：一般分布在有机质丰富的淡水水体中。无性生殖时，
群体中各细胞进行分裂，成为1个新群体。有性生殖
为同配或异配生殖。

样品采集地：陕西省西安市皂河上游，灞河上游、中游，沣河下
游；渭南市沈河下游；宝鸡市清姜河中游。

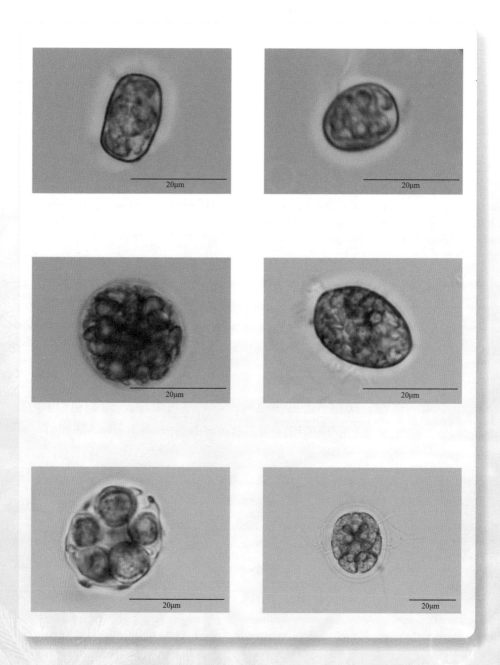

6.14　水棉藻属 *Spirogyra*

分类地位：双星藻纲（Zygnematophyceae）双星藻目（Zygnema-tales）双星藻科（Zygnemataceae）

形态特征：藻体为多细胞丝状结构个体，是由1列圆柱状细胞连成的不分枝的丝状体。色素体周生，带状，沿细胞壁螺旋盘绕，有真正的细胞核。

生物学特性：一般分布在较浅的静水水体中。营养繁殖为丝状体断裂，无性生殖形成静孢子或单性孢子，有性生殖为接合生殖。

样品采集地：陕西省西安市浐河中游、下游；渭南市沈河下游。

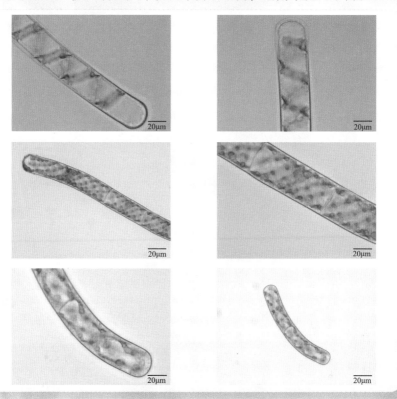

6.15 四角藻属 *Tetraedron*

分类地位：绿藻纲（Chlorophyceae）绿球藻目（Chlorococcales）
小球藻科（Chlorellaceae）

形态特征：藻体为单细胞，浮游，细胞扁平或圆锥形，有3个、4
个或5个角。角顶分歧或不分歧，有短刺1~3个，或者
没有。色素体周生，盘状或者多角形，各具1个蛋白
核或者无。

生物学特性：一般分布在池塘、湖泊等静水中。繁殖为无性生殖，
产生似亲孢子。

样品采集地：陕西省西安市太乙河上游、中游，浐河下游，浇河
上游。

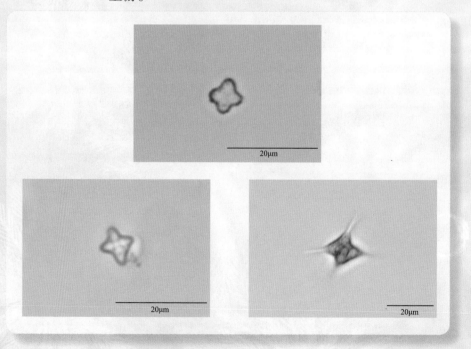

6.16　蹄形藻属 *Kirchneriella*

分类地位：绿藻纲（Chlorophyceae）绿球藻目（Chlorococcales）
　　　　　　小球藻科（Chlorellaceae）

形态特征：藻体细胞为群体，4个或8个为一组，多数包被在群体
　　　　　　胶被中。细胞蹄形、半月形、新月形等，两端尖细或
　　　　　　钝圆。色素体1个，片状，除细胞凹侧中部外，充满
　　　　　　整个细胞，具有1个蛋白核。

生物学特性：一般分布在池塘、湖泊中等淡水水体中。繁殖为无性
　　　　　　生殖，产生似亲孢子。

样品采集地：陕西省西安市太乙河下游，皂河中游，灞河下游；渭
　　　　　　南市罗夫河上游。

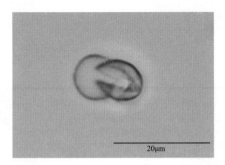 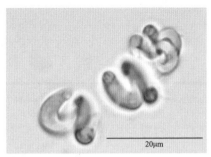

6.17　微芒藻属 *Micractinium*

分类地位：绿藻纲（Chlorophyceae）绿球藻目（Chlorococcales）绿球藻科（Chlorococcaceae）

形态特征：藻体为定形群体，细胞球形或者扁形，群体一般由4个细胞组成，排列成四方形或不规则群体；也有由8个细胞组成排列成球形。4~16个或者更多定形群体组成复合定形群体，群体以细胞壁相连，无胶被。细胞壁的一侧有1~10条长刺；色素体1个，杯状。

生物学特性：主要分布于净水水体中。繁殖主要以无性生殖为主，产生似亲孢子，每个母细胞产生4~8个孢子；有些种类进行有性生殖的种类，行卵式生殖。

样品采集地：陕西省西安市太乙河下游，灞河中游，浐河下游。

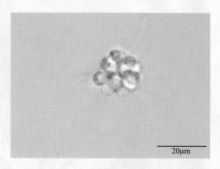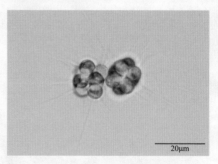

6.18 韦斯藻属 *Westella*

分类地位：绿藻纲（Chlorophyceae）绿球藻目（Chlorococcales）栅藻科（Scenedesmaceae）

形态特征：藻体为复合的真性定形群体，定形群体由4个细胞侧壁的中部依次紧密相连排成线状，各群体间以残存的母细胞壁相连，成为复合的群体，有时具有胶被；细胞球形，细胞壁平滑，色素体周生，杯状，1个。老细胞色素体略分散，具有1个蛋白核。

生物学特性：一般分布在湖泊等淡水水体中。繁殖为无性生殖，产生似亲孢子。

样品采集地：陕西省西安市灞河下游，浐河中游。

6.19　纤维藻属 *Ankistrodesmus*

分类地位：绿藻纲（Chlorophyceae）绿球藻目（Chlorococcales）
　　　　　小球藻科（Chlorellaceae）

形态特征：藻体为单细胞、或2个、4个、8个至更多个细胞聚集
　　　　　成群，浮游。细胞为纺锤形、针形、弓形、镰形等
　　　　　多种形状，自中央向两端渐尖细。色素体周生、片
　　　　　状，1个，占细胞的绝大部分，有时裂为数片，具1个
　　　　　蛋白核或无。

生物学特性：一般分布在营养丰富的小型水体中。繁殖为无性生
　　　　　殖，产生似亲孢子。

样品采集地：陕西省西安市涝河下游，小峪河上游，沪河中游、下
　　　　　游，沪河灞河交汇处，洋峪河上游；渭南市零河上
　　　　　游，赤水河中游。

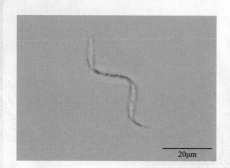

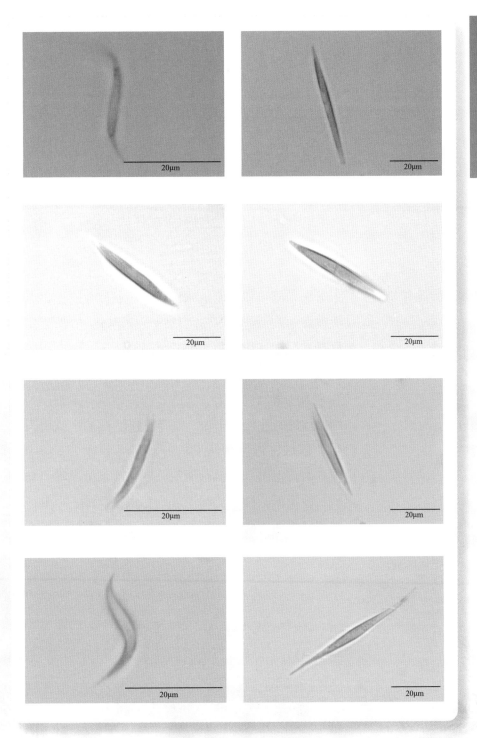

6.20 衣藻属 *Chlamydomonas*

分类地位：绿藻纲（Chlorophyceae）团藻目（Volvocales）衣藻科
（Chlamydomonadaceae）

形态特征：藻体为单细胞，细胞呈卵形或球形。细胞前端具有2
条等长的鞭毛。细胞内充满细胞质，有1个细胞核，
常位于中央偏前端。色素体1个，杯状，具有1个蛋白
核。眼点位于细胞一侧，橘红色。

生物学特性：一般分布在有机质丰富的水体中。生长旺盛时期以无
性生殖为主，细胞分裂产生2~16个游动孢子。有性生殖
为同配、异配，极少数为卵式生殖。

样品采集地：陕西省西安市潏河中游、下游，涝河中游、下游，太
乙河全流域，小峪河上游，皂河上游，灞河全流域，
浐河全流域，浐河灞河交汇处，沣河上游，浐河中
游，洋峪河上游、下游；渭南市罗夫河下游，零河全
流域，潼峪河上游，沋河下游，赤水河上游、中游；
宝鸡市磻溪河上游。

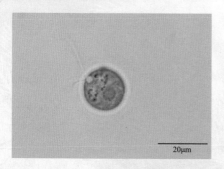
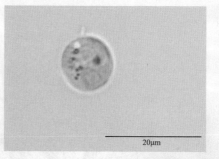

20μm   20μm

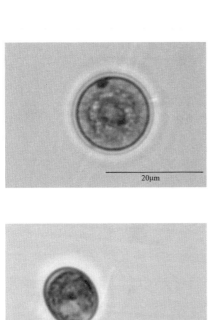

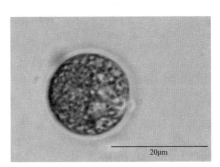

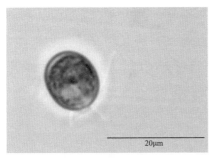

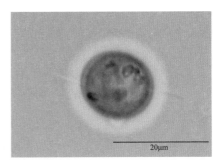

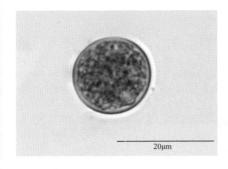

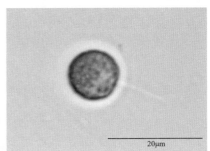

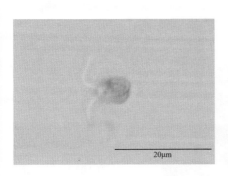

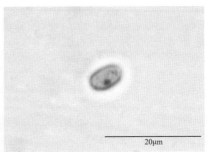

6.21 栅藻属 *Scenedesmus*

分类地位：绿藻纲（Chlorophyceae）绿球藻目（Chlorococcales）栅藻科（Scenedesmaceae）

形态特征：藻体是由2个、4个、8个或16个、罕为32个细胞构成的定形群体；细胞椭圆形、卵圆形、长筒形、纺锤形、新月形等。群体中各个细胞以其长轴互相平行，排列在一个平面上，互相平齐或互相交错。色素体1个，周生，片状，1个蛋白核，1个细胞核；细胞壁光滑或有突起、刺、刺毛、颗粒、纵肋等。

生物学特性：一般分布在淡水水体中。繁殖为无性生殖，产生似亲孢子。

样品采集地：陕西省西安市涝河中游，太乙河中游，小峪河全流域，皂河上游，灞河中游、下游，浐河全流域，浐河灞河交汇处，沣河上游、下游，黑河下游；渭南市罗夫河中游，赤水河全流域；宝鸡市磻溪河上游，清姜河下游，茵香河下游，石头河下游。

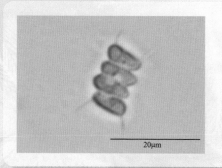
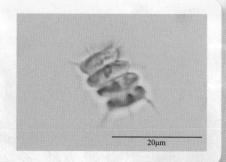

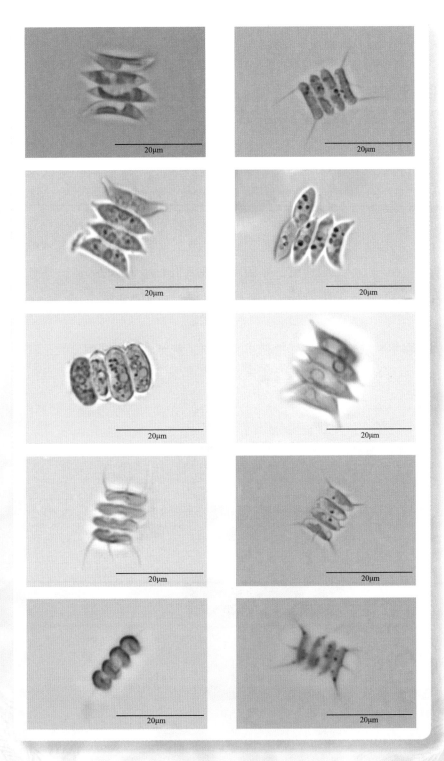

6.22　角星鼓藻属 *Staurastrum*

分类地位：双星藻纲（Zygnematophyceae）鼓藻目（Desmidiales）
鼓藻科（Desmidiaceae）

形态特征：藻体单细胞，大多数缢缝深凹，从内向外呈锐角张
开。半细胞正面观近圆形、椭圆形、四角形、梯形
等，大多数种类半细胞有长度不等突起，缘边一般波
形，呈轮齿状。细胞平滑，具有纹、颗粒等各种类型
的刺和瘤。半细胞一般具有1个轴生叶绿体，具有数
个蛋白核。

生物学特性：生长于各种淡水水体中。营养繁殖为细胞分裂；有性
生殖为接合生殖。

样品采集地：陕西省宝鸡市磻溪河上游。

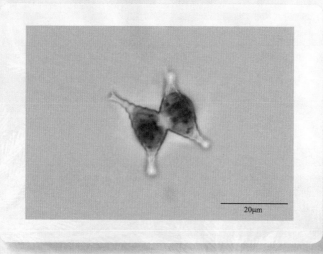

20μm

6.23　鞘藻属 *Oedogonium*

分类地位：绿藻纲（Chlorophyceae）鞘藻目（Oedogoniales）鞘藻科（Oedogoniaceae）

形态特征：藻类为不分枝丝状体，通常以基细胞或假根附着生长于其他物体或漂浮在水面上，细胞呈圆柱形或两侧呈波状，顶端细胞的末端呈钝圆形。细胞单核，叶绿体周生，具有1至多个蛋白核。

生物学特性：广泛分布于各种静水水体中，着生于其他物体或水生植物上。繁殖方式有营养繁殖、无性生殖和有性生殖。

样品采集地：陕西省西安市黑河下游；宝鸡市清水河下游，石头河下游。

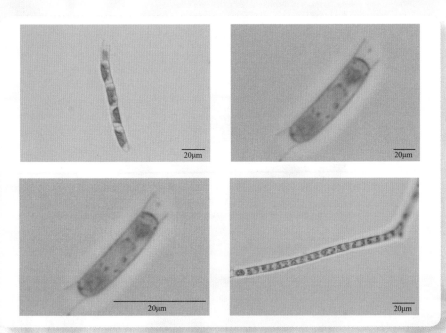

6.24　网球藻属 *Dictyosphaerium*

分类地位：绿藻纲（Chlorophyceae）绿球藻目（Chlorococcales）
网球藻科（Dictyosphaeraceae）

形态特征：藻体为原始定形群体，常由2个、4个、8个细胞组
成，以母细胞壁分裂所形成的胶质丝或胶质膜相连
接。细胞球形、卵形、椭圆形。群体具有胶被。具1
个杯状色素体，周生，1个蛋白核。

生物学特性：静水水体中的浮游藻类。无性生殖，产生似亲孢子。

样品采集地：陕西省渭南市赤水河上游。

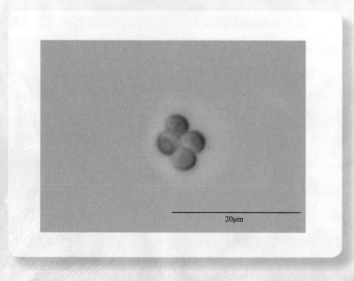

20μm

6.25 新月藻属 *Closterium*

分 类 地 位：双星藻纲（Zygnematophyceae）鼓藻目（Desmidiales）鼓藻科（Desmidiaceae）

形 态 特 征：单细胞，呈新月形，略弯曲，少数平直，中间不凹入，两端逐渐尖细，顶端尖锐或钝圆，横断面圆形。胞壁平滑或具纵向线纹、肋纹或点纹，无色或黄褐色。色素体轴位，两个半细胞中各1个，由1个或数个纵向纵脊组成，蛋白核纵向排成一列或散生。细胞核位于两色素体之间细胞的中部。在细胞两端各具1个大型液泡。

生物学特性：生长在pH和水温变化幅度较大的水体中。营养繁殖为细胞分裂，有性生殖为接合生殖，二配子以变形状运动相结合形成孢子。

样品采集地：陕西省渭南市赤水河周丛。

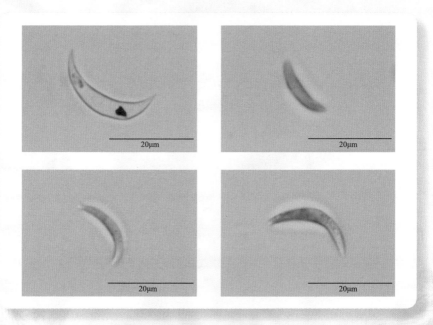

6.26　转板藻属 *Mougeotia*

分 类 地 位： 双星藻纲（Zygnematophyceae）双星藻目（Zygnematales）
双星藻科（Zygnemataceae）

形 态 特 征： 藻体为圆柱形营养细胞，藻丝不分枝，有时产生假根
状分枝。细胞长度通常比宽度大4倍以上。细胞横壁
平直，具有1个轴生的色素体，多个蛋白核，排列成
行或分散。细胞核位于色素体中间的一侧。

生物学特性： 多生活在稻田、池塘、沟渠、湖泊和水库的浅湾中。
无性生殖产生静孢子，有性生殖为接合生殖。

样品采集地： 陕西省西安市黑河下游；渭南市潼峪河上游，黑河下
游；宝鸡市清姜河上游。

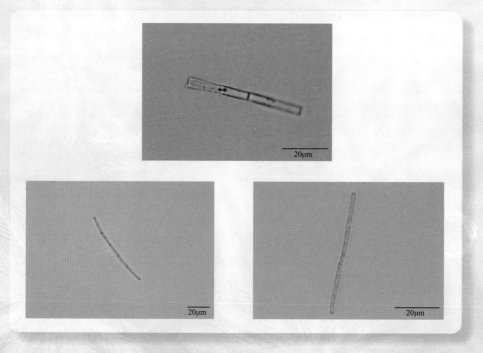

7 黄藻门 Xanthophyta

7.1 黄丝藻属 *Tribonema*

分类地位：黄藻纲（Xanthophyceae）黄丝藻目（Tribonematales）黄丝藻科（Tribonemataceae）

形态特征：藻体为单列不分枝的丝状体。细胞为圆柱形或腰鼓形，细胞壁由明显的H形节片套合组成，长为宽的2~5倍。幼体基细胞具有盘状固着器。色素体盘状、片状或带状，2个至多个，周生。

生物学特性：主要分布在池塘、沟渠中，生长旺盛季节为春季。繁殖为无性生殖时，产生动孢子、静孢子或厚壁孢子；有性生殖为同配生殖。

样品采集地：陕西省西安市大峪河中游，涝河下游，太乙河上游、中游，浐河上游，浐河灞河交汇处，洋峪河上游、下游。

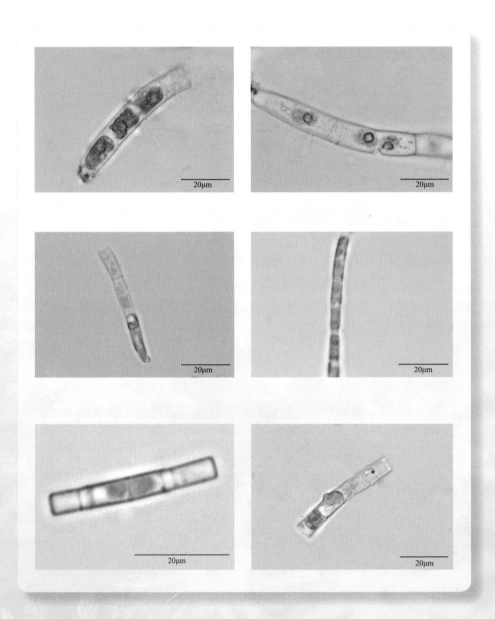

7.2　黄管藻属 *Ophiocytium*

分 类 地 位：黄藻纲（Xanthophyceae）柄球藻目（Mischococcales）黄
管藻科（Ophiocytiaceae）

形 态 特 征：单细胞或树状群体，浮游或着生；细胞长圆柱形，浮
游种类细胞弯曲或螺旋形，一端或两端具有刺；细
胞壁由不相等的2个节片套合而成；色素体为1个或多
个，周生，盘状、片状或带状。

生物学特性：分布广泛，常见于酸性水体中。无性生殖产生动孢子
或似亲孢子。

样品采集地：陕西省宝鸡市清姜河中游。

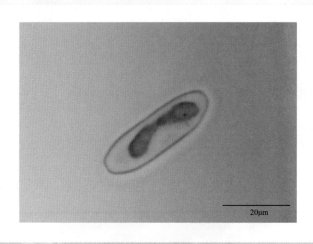

20μm

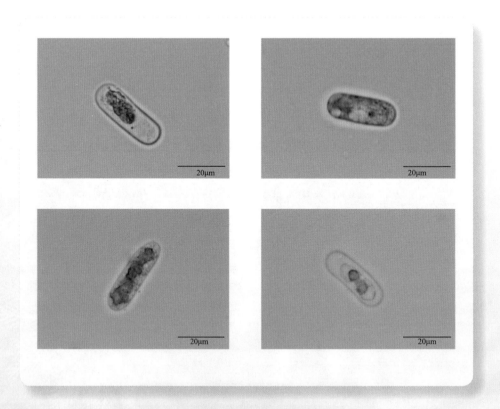

浮游藻类

8 蓝藻门 Cyanophyta

8.1 颤藻属 *Oscillatoria*

分类地位：蓝藻纲（Cyanophyceae）颤藻目（Osillatoriales）颤藻科（Oscillatoriaceae）

形态特征：藻体为多细胞组成的不分枝的丝状体，或许多藻丝互相交织而形成片状、束状或皮革状的蓝绿色团块。藻丝外表无胶鞘。藻丝端部细胞往往逐渐狭小而变尖细，有的弯曲如钩，或作螺旋状转向。顶端细胞形态多样，末端增厚或具帽状结构。

生物学特性：常见于富含有机质的淡水水体，过量繁殖易引发水华。以段殖体繁殖。

样品采集地：陕西省西安市滻河中游，涝河全境，皂河上游，灞河全境，浐河全境、浐河灞河交汇处，沣河全境，太乙河上游、中游，浟河上游，小峪河下游，洋峪河上游、中游，黑河全流域；渭南市罗夫河中游，零河上游、中游，潼峪河上游、下游，沈河下游，赤水河全流域；宝鸡市磻溪河下游，清水河上游，清姜河下游，石头河全流域。

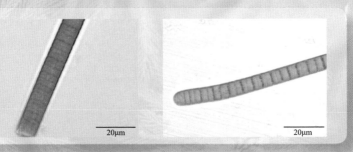

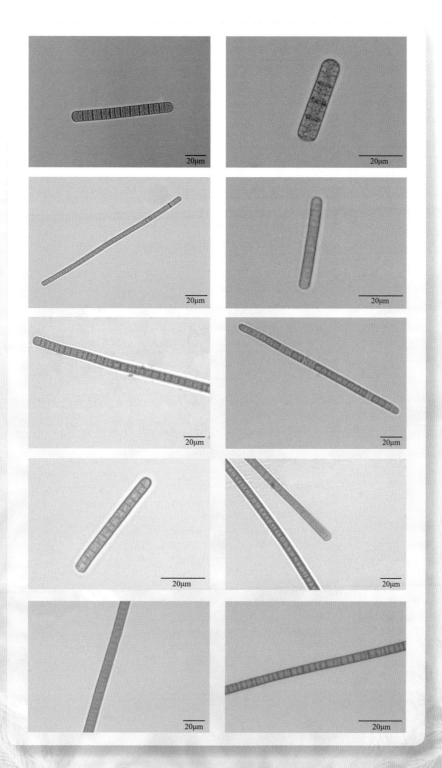

8.2 螺旋藻属 *Spirulina*

分类地位：蓝藻纲（Cyanophyceae）颤藻目（Osillatoriales）颤藻科（Oscillatoriaceae）

形态特征：藻体单细胞或多细胞圆柱形，无鞘，或松或紧的弯曲呈规则的螺旋状。藻丝顶部不尖细，顶端细胞钝圆，无帽状结构。具有不明显的横壁，不收缢。

生物学特性：多生长于淡水水体中。繁殖方式为直接分裂。

样品采集地：陕西省西安市灞河上游、下游，浐河上游、下游，太乙河中游，小峪河下游；渭南市零河下游，沈河下游，赤水河中游、下游；宝鸡市石头河中游。

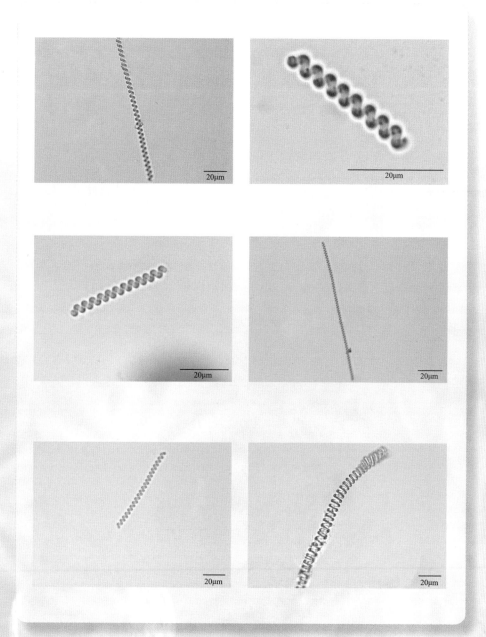

8.3 聚球藻属 *Synechococcus*

分类地位：蓝藻纲（Cyanophyceae）色球藻目（Chroococcales）聚球藻科（Synechococcaceae）

形态特征：藻体为单细胞或2个细胞连在一起，少数为细胞群体；细胞圆柱形或卵形，两端宽圆；胶被不易察觉或没有；原生质体均匀，蓝绿色或深绿色，偶尔可以观察到微小颗粒。

生物学特性：水生或亚气生，好动。细胞以横分裂进行繁殖，1个分裂面。

样品采集地：陕西省渭南市罗夫河上游，潼峪河中游。

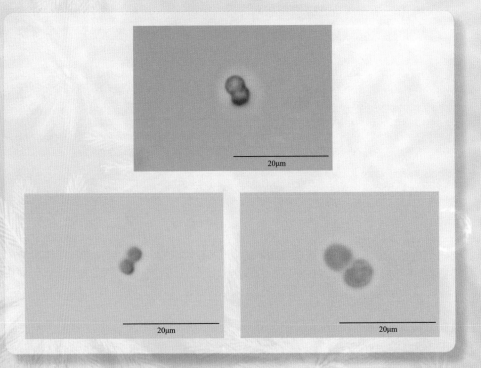

8.4 平裂藻属 *Merismopedia*

分类地位：蓝藻纲（Cyanophyceae）色球藻目（Chroococcales）平裂藻科（Merismopediaceae）

形态特征：细胞2个1对，2对1组，4组为1群整齐排列在1个平面的同质胶质中，形成片状有规则排列群体。群体胶被无色、透明、柔软，个体胶被不明显。细胞球形或椭圆形，大多数为浅蓝色和亮绿色，少数为玫瑰红色。

生物学特性：生长于淡水水体中的浮游藻类。繁殖方式为群体断裂或细胞分裂。

样品采集地：陕西省西安市滈河中游，灞河中游、下游，浐河上游，浐河灞河交汇处，小峪河上游、下游，沣河上游；宝鸡市磻溪河下游。

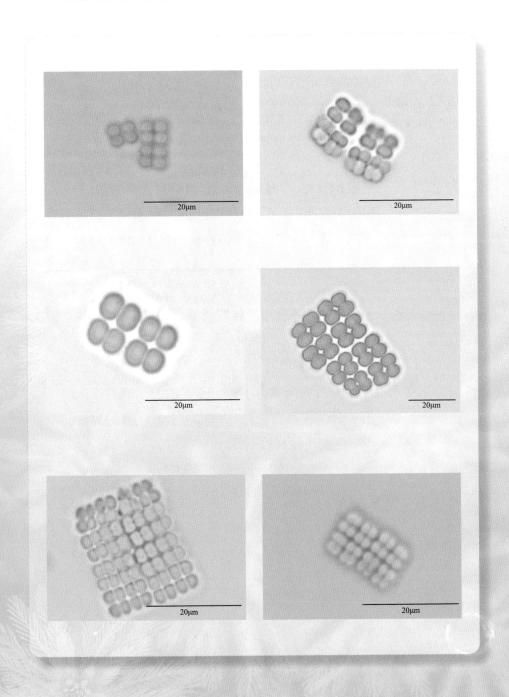

8.5　束丝藻属 *Aphanizomenon*

分类地位：蓝藻纲（Cyanophyceae）念珠藻目（Nostocales）念珠藻科（Nostocaceae）

形态特征：藻丝为直或略弯曲，无胶鞘；末端细胞延长呈无色，常多数集合成盘状或纺锤状群体；异细胞间生；孢子与异细胞远离。

生物学特性：常见于各种静水水体中。

样品采集地：陕西省西安市黑河中游；渭南市罗夫河下游，零河上游、下游，沈河下游，潼峪河下游；宝鸡市清水河下游，石头河中游。

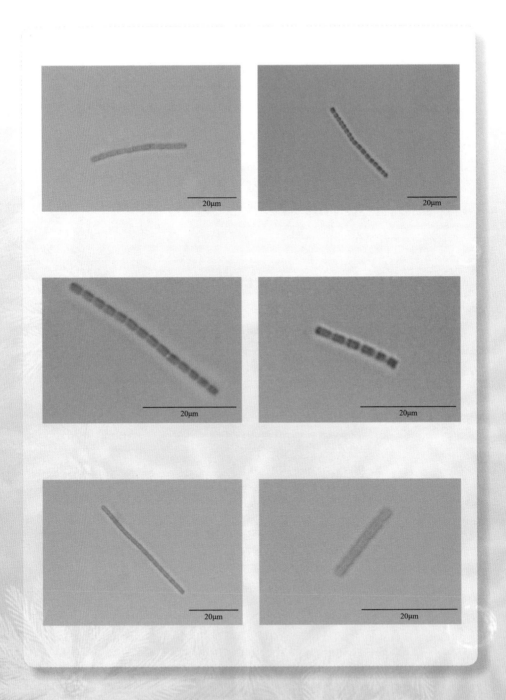

8.6 微囊藻属 *Microcystis*

分类地位：蓝藻纲（Cyanophyceae）色球藻目（Chroococcales）微囊藻科（Microcystaceae）

形态特征：细胞呈球形或椭圆形，排列紧密。由多数细胞包在胶质物中形成不规则群体。群体胶被均匀无色。常有假空泡和颗粒，细胞呈蓝绿色或橄榄绿色。

生物学特性：池塘、湖泊中常见的浮游蓝藻。以细胞分裂繁殖。

样品采集地：陕西省西安市滈河下游，灞河下游，浐河灞河交汇处，沣河下游，太乙河中游、下游，小峪河上游、下游，浐河上游、中游；渭南市罗夫河全流域，零河上游、下游，沈河下游；宝鸡市磻溪河下游。

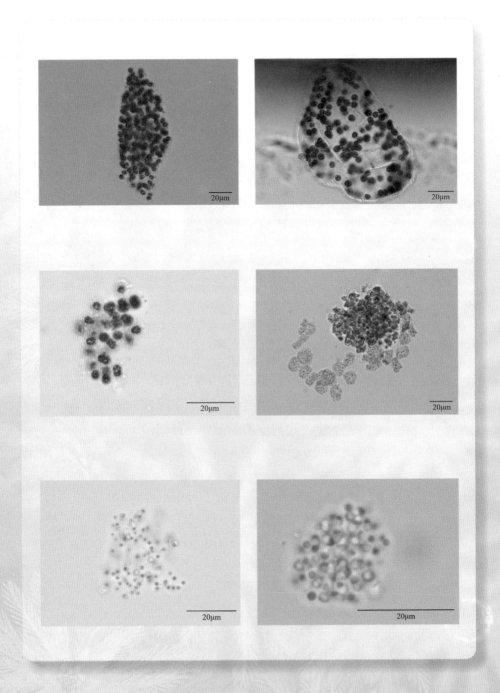

8.7　鱼腥藻属 *Anabaena*

分类地位：蓝藻纲（Cyanophyceae）念珠藻目（Nostocales）念珠藻科（Nostocaceae）

形态特征：藻体为单一丝状体，或不定型胶质块，或柔软膜状。藻丝等宽或末端尖，直或不规则弯曲，每条藻丝常呈念珠状。异形胞常位于间位。孢子1个或几个成串，紧靠异形胞或位于异形胞之间。

生物学特性：生长于淡水或湿地中。以段殖体或孢子繁殖。

样品采集地：陕西省西安市灞河全境，浐河上游，浐河灞河交汇处，沣河上游，小峪河中游；宝鸡市清水河上游。

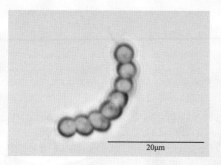
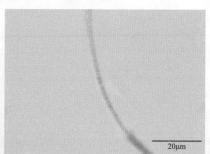

20μm　　　20μm

8.8 腔球藻属 *Coelosphaeerium*

分类地位：蓝藻纲（Cyanophyceae）色球藻目（Chroococcales）平裂藻科（Merismopediaceae）

形态特征：藻体多细胞，具有胶被。群体微小，略为圆球形或卵形，群体罕见为不规则形；胶被薄、无色；仅细胞周边有胶质；细胞一层，圆形，常于群体周边，分裂后为半球形；胶质薄、无结构，无胶质柄。

生物学特性：常见于淡水。细胞分裂或群体断裂繁殖。

样品采集地：陕西省渭南市潼峪河中游。

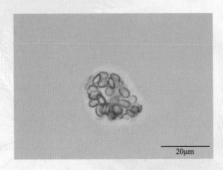
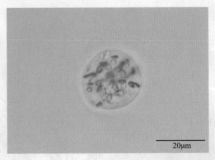

8.9 立方藻属 *Eucapsis*

分 类 地 位：蓝藻纲（Cyanophyceae）色球藻目（Chroococcales）
微囊藻科（Microcystaceae）

形 态 特 征：多个细胞组成的立方形群体，群体中2个细胞为1组，
每4组排列为1个小立方体，4个小立方体排列成1个大
立方体。细胞呈球形或亚球形。群体具有胶被。

生物学特性：多生长于湖泊、浅水洼中。

样品采集地：陕西省西安市小峪河上游、中游。

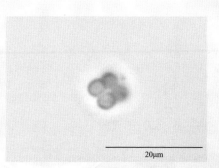
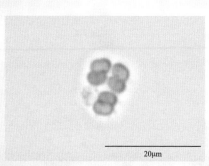

20μm 20μm

8.10　须藻属 *Homoeothrix*

分 类 地 位： 蓝藻纲（Cyanophyceae）颤藻目（Osillatoriales）须藻
科（Homoeotrichaceae）

形 态 特 征： 由直立丝体构成，单生或密集成束。藻丝不分枝或在
基部假分枝，一端渐尖或两端均不尖细。

生物学特性： 生长于山涧溪流或静水的岩石上。以段殖体进行
繁殖。

样品采集地： 陕西省西安市大峪河上游。

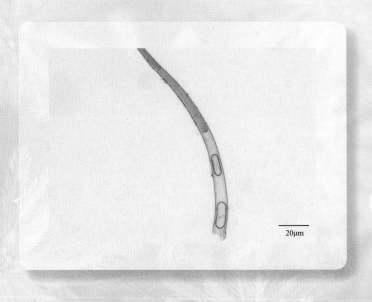

9 金藻门 Chrysophyta

9.1 鱼鳞藻属 *Mallomonas*

分类地位：黄群藻纲（Synurophyceae）黄群藻目（Synurales）鱼鳞藻科（Mallomonadaceae）

形态特征：藻体为单细胞，细胞呈球形、圆柱形、纺锤形、卵形、椭圆形等；表质覆盖着硅质化鳞片，鳞片的形状和排列方式多样，细胞前部称领部鳞片，细胞中部称体部鳞片，细胞后部称尾部鳞片，圆拱形盖、盾片和凸缘是绝大多数鳞片的组成部分，每个鳞片上具有1条硅质长刺或无，细胞前端具有1条鞭毛，具有3个及以上能收缩的液泡。大多数藻体有2个周生的片状色素体，少数1个，无眼点。全部鳞片或仅顶部鳞片上有长刺。

生物学特性：常见于水坑、湖泊、池塘和沼泽中。繁殖主要以细胞纵分裂为主。

样品采集地：陕西省西安市浐河中游，太乙河下游；渭南市赤水河中游。

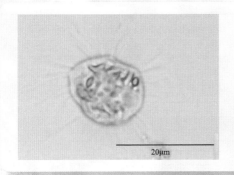 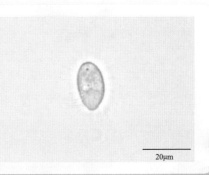

10 硅藻门 Bacillariophyta

10.1 脆杆藻属 *Fragilaria*

分类地位：羽纹纲（Pennatae）无壳缝目（Araphidiales）脆杆藻科（Fragilariaceae）

形态特征：藻体为单细胞或者互相连接成为1个带状、Z状或星状群体；壳体圆柱形、菱形或椭圆形；壳面长披针形至细长线形、菱形等，两侧对称，有些种类的一端膨大，也有少数种类具波形的边缘；具有线形假壳缝，假壳缝的两侧具有细的横线纹或横肋纹；带面长方形，具有间生带和隔膜；色素体多数为小颗粒状，少数为片状。

生物学特性：常见于池塘、水沟、湖泊沿岸带等。繁殖主要以细胞分裂为主；无性繁殖产生复大孢子。

样品采集地：陕西省西安市浐河上游，黑河中游；渭南市罗夫河全流域，零河中游、下游，潼峪河上游、下游，沈河上游;宝鸡市清水河下游，清姜河上游、中游，茵香河下游。

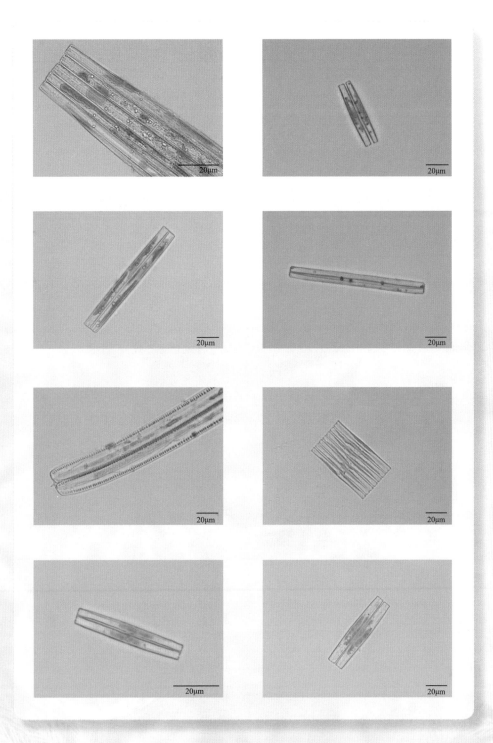

10.2　等片藻属 *Diatoma*

分类地位：羽纹纲（Pennatae）无壳缝目（Araphidiales）脆杆藻科（Fragilariaceae）

形态特征：藻体常连成带状以及Z形或者星形的群体；壳面一般为线形或披针形，有的种类两端略膨大；假壳缝狭窄，两侧具有细横线纹和肋纹，有清晰的黏液孔；带面长方形，具有1至多条间生带；大多数色素体呈椭圆形。

生物学特性：常见于淡水或半咸水以及微咸水中。每个母细胞形成1个复大孢子。

样品采集地：陕西省西安市洋峪河下游，小峪河下游，黑河全流域；渭南市罗夫河全流域，零河全流域，潼峪河上游、下游，沈河上游，赤水河全流域；宝鸡市磻溪河下游，清水河下游，清姜河全流域，茵香河下游，石头河全流域。

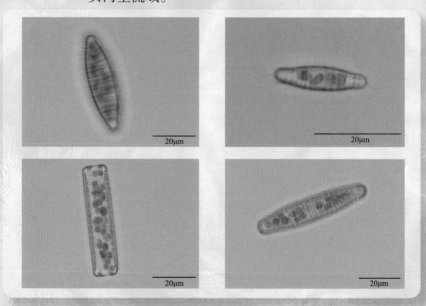

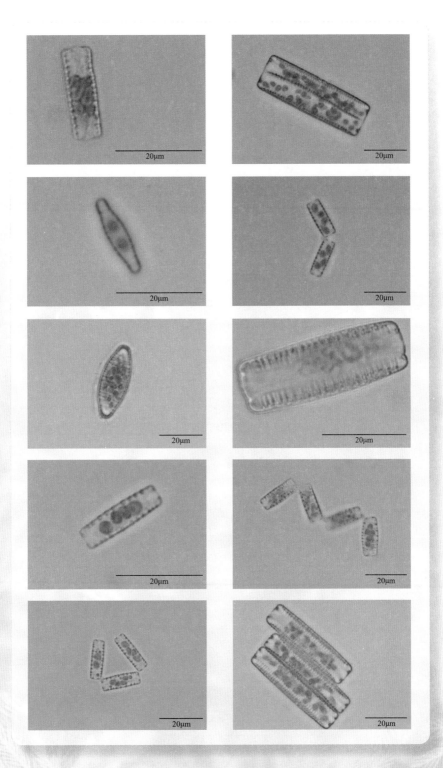

10.3　辐节藻属 *Stauroneis*

分类地位： 羽纹纲（Pennatae）双壳缝目（Biraphidinales）舟形藻科（Naviculaceae）

形态特征： 藻体为单细胞，少数连成带状群体；壳面长椭圆形、舟形或狭披针形，末端头状、钝圆形或喙状；中轴区狭，壳缝直，极节很细，中央区增厚并扩展到壳面两侧，并且没有花纹，称辐节；壳缝两侧具有略呈放射状的平行排列的线纹或点纹，辐节和中轴区将壳面花纹划分成4个部分；具有间生带。具有2个片状色素体，每个色素体具有2~4个蛋白核。

生物学特性： 常见于淡水、半咸水和海水中。繁殖以细胞分裂为主，由2个母细胞的原生质体形成2个配子，互相结合形成2个复大孢子。

样品采集地： 陕西省西安市涝河中游、下游，太乙河上游、中游，浐河上游，浐河灞河交汇处；渭南市罗夫河上游，零河下游，赤水河上游；宝鸡市清水河下游，黑河中游。

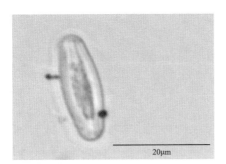

20μm

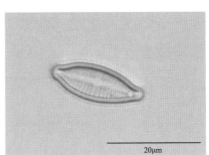

20μm

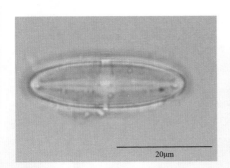

20μm

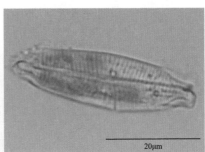

20μm

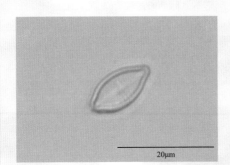

20μm

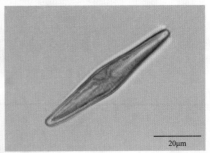

20μm

10.4　直链藻属 *Melosira*

分类地位：中心纲（Centricae）圆筛藻目（Coscinodiscales）圆筛藻科（Coscinodiscaeae）

形态特征：藻体是单细胞，形状多为圆柱形，部分圆盘形或者球形，常由细胞壳面互相连接成链状。有的带面有1条线性的环沟，平滑或者具有纹饰；若有2条环沟，两沟之间的部分称作"颈部"，细胞间的沟状缢入部分称作"假环沟"。细胞壳的表面多为圆形，少数为椭圆，表面平或凸起，或具花纹；壳面一般具棘或刺。色素体常为小圆盘状。

生物学特性：常生长在透明的相对较高水体中。无性生殖产生休眠孢子，有性生殖产生复大孢子。

样品采集地：陕西省西安市涝河上游、中游，太乙河中游、上游，洋峪河全流域，小峪河下游，潏河下游，浐河上游，皂河上游，沣河下游，灞河上游、下游，大峪河中下游，黑河全流域；渭南市罗夫河下游，零河全流域，潼峪河上游，沈河上游，赤水河上游；宝鸡市磻溪河下游，清水河下游，石头河全流域。

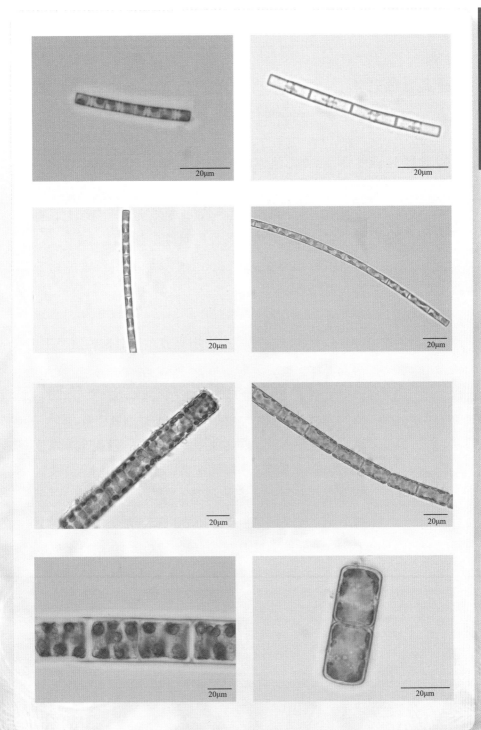

10.5　菱形藻属 *Nitzschia*

分类地位： 羽纹纲（Pennatae）管壳缝目（Aulonoraphidinales）菱
形藻科（Nitzschiaceae）

形态特征： 藻体单细胞，细胞纵长，直或S形，两端渐尖或钝。
藻体呈带状、星状群体，或是位于分枝、不分枝的胶
质管中。上下两个壳面一侧有龙骨突起，突起上具有
管壳缝，管壳缝内壁龙骨点明显，壳面具有横线纹。
无间生带和隔膜,一般有2个片状色素带位于带面一
侧，少数为4~6个。

生物学特性： 分布广泛，淡水和海水中均有分布。有性生殖产生1
对复大孢子。

样品采集地： 陕西省西安市涝河全流域，皂河全流域，浐河全流
域，灞河全流域、洋峪河中游、下游，沣河全流域，
潏河中游，下游，小峪河中游、下游，黑河全流域；
渭南市罗夫河全流域，零河全流域，潼峪河上游，沈
河下游，赤水河全流域；宝鸡市磻溪河下游，清水河
下游，清姜河全流域，茵香河下游，石头河全流域。

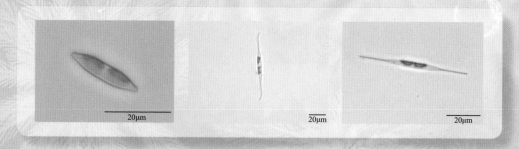

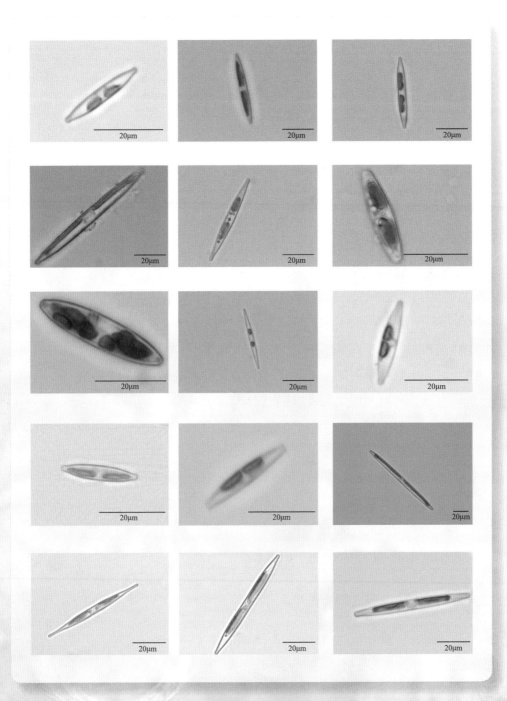

10.6 卵形藻属 *Cocconeis*

分 类 地 位： 羽纹纲（Pennatae）单壳缝目（Monoraphidales）曲壳
藻科（Achnanthaceae）

形 态 特 征： 藻体单细胞，壳面呈椭圆形或近圆形，上下壳面外形
相同，花纹左右对称，上下两个壳面中一个壳面具有
假壳缝，另一个壳面具有直的壳缝，有中央节和极
节，壳缝和假壳缝的两侧均有纹饰。带面横向弯曲，
具不完全的横隔膜。1个呈片状色素体，有蛋白核
1~2个。

生物学特性： 常见于在海水中，淡水的种类附着于基质上生长。有
性生殖时2个母细胞结合形成1个复大孢子，单性生殖
时每个配子发育成1个复大孢子。

样品采集地： 陕西省西安市太乙河全流域，小峪河上游、中游，洋
峪河上游、中游，皂河下游；渭南市罗夫河中游、下
游，潼峪河全流域，沈河上游、下游，赤水河上游、
下游；宝鸡市磻溪河下游，清水河下游，茵香河下
游，清姜河中游，石头河中游。

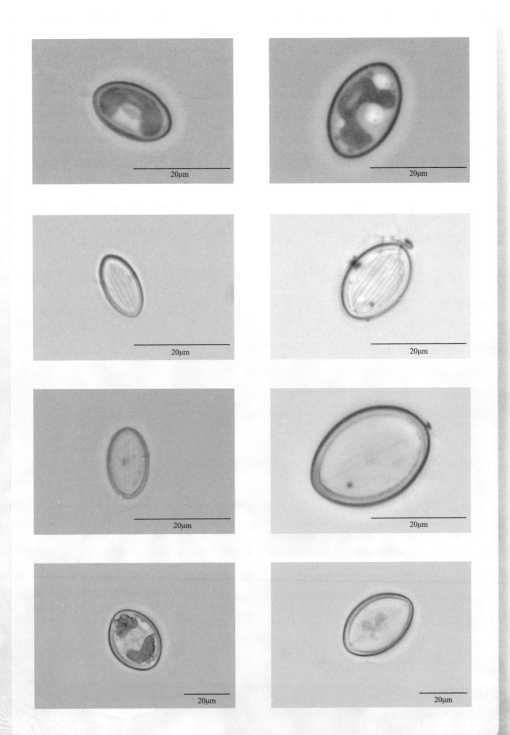

20μm

20μm

20μm

20μm

20μm

20μm

20μm

20μm

10.7　双壁藻属 *Diploneis*

分类地位： 羽纹纲（Pennatae）双壳缝目（Biraphidinales）舟形
　　　　　　藻科（Naviculaceae）

形态特征： 藻体为单细胞，壳面呈椭圆形、线形、卵圆形、末端
　　　　　　钝圆；壳缝短直，两侧具中央节，侧缘延长形成角状
　　　　　　凸起，外侧有线性纵沟，或宽或狭，纵沟外侧有横肋
　　　　　　纹或横线纹；带面呈长方形，无间生带核隔膜；色素
　　　　　　体2个，片状，各具1个蛋白核。

生物学特性： 常见于海水，少数生长在淡水、半咸水里。

样品采集地： 陕西省渭南市罗夫河下游，沈河上游；宝鸡市茵香河
　　　　　　下游。

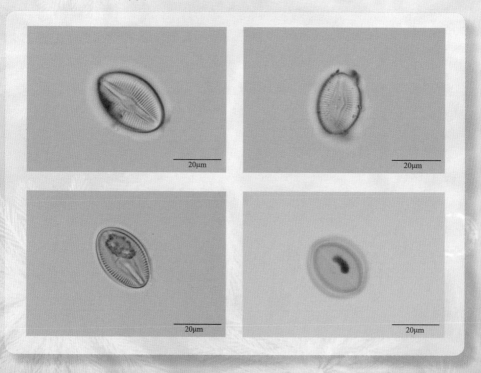

10.8 桥弯藻属 *Cymbella*

分类地位： 羽纹纲（Pennatae）双壳缝目（Biraphidinales）桥弯藻科（Cymbellaceae）

形态特征： 藻体为单细胞，或为分支或不分枝的群体，浮游或着生，着生种类的细胞位于短胶质柄的顶端或者在分歧的胶质管中。壳面有着明显的背腹之分，背侧凸出，腹部平直或中部略凸出或凹入；藻体通常为新月形、线形、半椭圆形、半披针形、舟形、披针形，末端钝圆或渐尖；中轴区两侧不对称，具有中央节和极节；壳缝略弯曲，具有线纹或点纹，大部分中间的横纹比两端的横纹少。带面长方形，两侧平行，无间生带和隔膜；具有1个侧生的片状色素体。

生物学特性： 常见于淡水中，还有少数在半咸水中。主要繁殖方式为细胞分裂，由2个母细胞的原生质体结合形成2个复大孢子。

样品采集地： 陕西省西安市太乙河中游，涝河上游，洋峪河上游，灞河上游，浐河上游、下游，沣河上游、下游，小峪河下游，黑河全流域；渭南市罗夫河全流域，零河全流域，潼峪河全流域，沈河上游，赤水河全流域；宝鸡市磻溪河下游，清水河下游，清姜河全流域，石头河全流域。

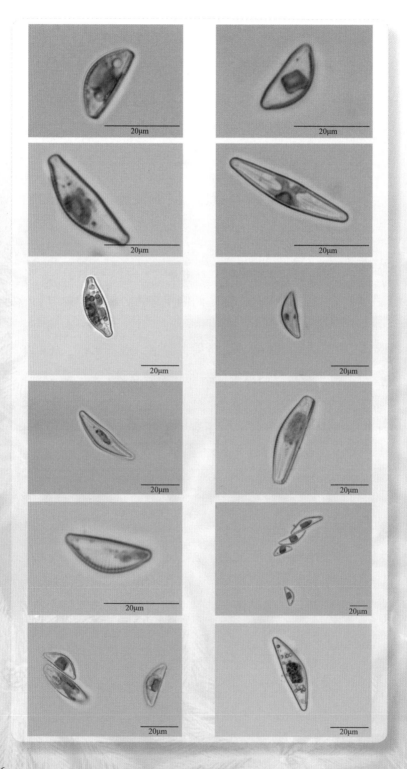

10.9 曲壳藻属 *Achnanthes*

分类地位：羽纹纲（Pennatae）单壳缝目（Monoraphidales）曲壳藻科（Achnanthaceae）

形态特征：藻体为单细胞，或以壳面互相连接形成带状或书状群体，浮游或者以胶柄着生。壳面线性椭圆形、线性披针形、椭圆形、菱形披针形，一壳凸出，具假壳缝，另一个凹入，具典型得壳缝，中央节明显，有时呈十字，极节不明显。两壳纹饰相似，或一壳横线纹平行，另一壳具放射状；壳面纵长弯曲，呈膝曲状或者弧形，常有明显花纹。色素体片状，1~2个；或呈小盘状，多数。

生物学特性：主要分布在海洋中，淡水中的种类多生长于丝状藻类、沉水生高等植物或其他基质上，或亚气生。繁殖为有性生殖时，2个母细胞的原生质体分裂成2个配子，配子成对结合形成2个复大孢子。

样品采集地：陕西省渭南市罗夫河上游、中游，赤水河全流域；西安市黑河上游、中游，浐河上游、中游；宝鸡市清姜河中游、下游，石头河上游、下游。

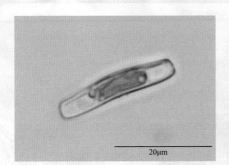
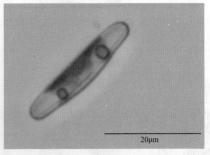

137

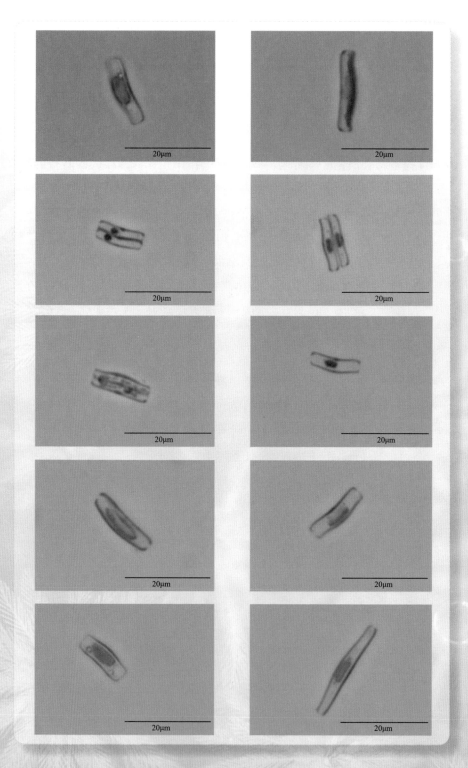

10.10　双菱藻属 *Surirella*

分类地位：羽纹纲（Pennatae）管壳缝目（Aulonoraphidinales）双菱藻科（Surirellaceae）

形态特征：藻体为单细胞，细胞壳面呈披针形、线形、椭圆形或卵形，或平直、或螺旋弯曲，两侧壳面均有龙骨，龙骨上具有管壳缝，管壳缝通过翼沟和细胞内部联系，翼沟之间通过膜联系，构成中间间隙，壳面具有纹饰，常横肋纹或者横线纹，或长或短，带面呈长方形或楔形。色素体侧生片状，1块。

生物学特性：常见于热带、亚热带淡水、半咸水或海水中。繁殖为有性生殖，2个母细胞的原生质体结合成1个复大孢子。

样品采集地：陕西省渭南市零河全流域，潼峪河下游，沈河上游，赤水河下游；宝鸡市清水河下游，石头河中游。

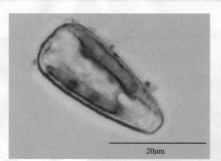

20μm

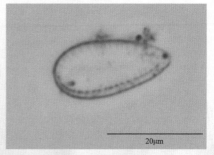

20μm

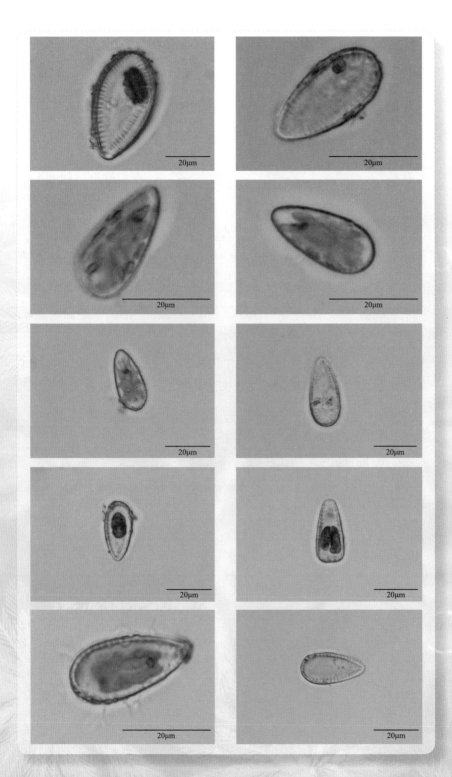

10.11 小环藻属 *Cyclotella*

分类地位：中心纲（Centricae）圆筛藻目（Coscinodiscales）圆筛藻科（Coscinodiscaeae）

形态特征：藻体单细胞，或包在自身分泌的胶被中。细胞鼓形，壳面圆形，极少数为椭圆形；一般具同心圆的同心波曲，或与切线平行波状褶皱，极少数呈平直态，纹饰边缘区有辐射状线纹，中央平滑或有放射状点纹、孔纹等，部分种类壳边缘具有小棘。少数有间生带，色素体多数为小盘状。

生物学特性：多生长在淡水中，浮游类。个别种类喜盐。繁殖为细胞分裂；无性生殖产生1个复大孢子。

样品采集地：陕西省西安市涝河上游、下游，太乙河上游、中游，皂河上游，灞河全流域，浐河全流域，浐河灞河交汇处，沣河全流域，泾河中游、下游，小峪河全流域，潏河中游、下游，黑河全流域；渭南市罗夫河中游、下游，零河全流域，沈河全流域，赤水河全流域；宝鸡市磻溪河下游，清水河下游，茵香河下游，石头河下游。

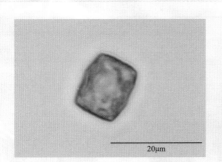

141

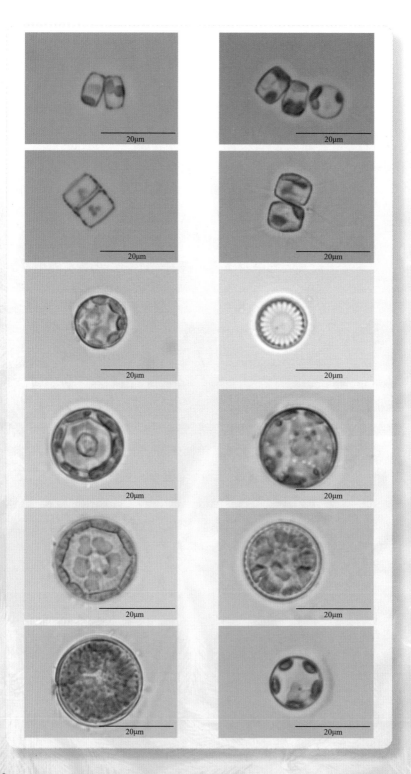

10.12　异极藻属 *Gomphonema*

分类地位： 羽纹纲（Pennatae）双壳缝目（Biraphidinales）异极藻科（Gomphonemaceae）

形态特征： 藻体为单细胞，或者为分枝或不分枝的树状群体，细胞位于胶质柄的顶端，有时细胞会从胶质柄脱落成为偶然性的单细胞浮游种类。壳面呈棒形、披针形或楔形，上下两端不对称，上宽下窄；中轴区狭窄、直，且壳缝位于中轴区的中央；具有中央节和极节；壳缝两侧的横线纹由点纹和细点纹组成，呈放射状排列，有些种类在中央区一侧有1个、2个或者多个单独的点纹。带面多呈楔形、末端截形，无间生带；具有1块侧生的片状色素体。

生物学特性： 常见于淡水中，少数还生长在半咸水或海洋中。主要繁殖方式为细胞分裂，由2个母细胞的原生质体分别形成2个配子，互相结合形成2个复大孢子。

样品采集地： 陕西省西安市涝河中游，太乙河上游、中游，洋峪河上游、下游，皂河全流域，浐河上游、下游，小峪河全流域，潏河中游，大峪河上游；渭南市零河全流域，赤水河上游、中游，沈河上游；宝鸡市磻溪河下游，清水河下游，清姜河中游、下游，茵香河下游，石头河全流域。

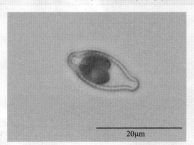
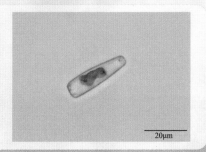

20μm　　　　20μm

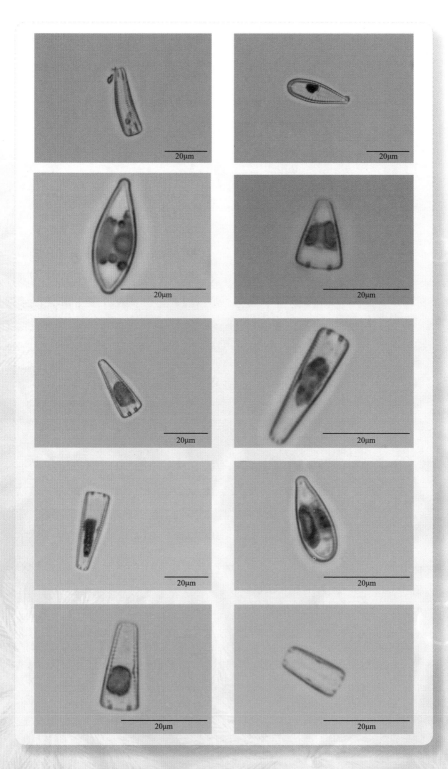

10.13　羽纹藻属 *Pinnularia*

分类地位：羽纹纲（Pennatae）双壳缝目（Biraphidinales）舟形
藻科（Naviculaceae）

形态特征：藻体为单细胞，或连成丝状群体。壳面线形、椭圆
形、披针形、两侧平行，少数种类两侧中部膨大，或
是呈对称的波状；中轴区狭线形、宽线形或宽披针
形，有些种类超过壳面宽度的1/3，具有中央节和极
节，常在近中央节和极节处膨大；壳缝发达，直或者
弯曲；壳面具有横的或平行肋纹，或粗或细，每条肋
纹系1条管沟，每条管沟内具有1~2个纵隔膜，将管沟
隔成2~3个小室，有的种类由于肋纹的纵隔膜形成纵
横纹；带面呈长方形，无间生带和隔片；色素体2块
位于两侧，大，片状，各具1个蛋白核。

生物学特性：常见于淡水、半咸水或海水中，繁殖以细胞分裂为
主，是硅藻中种类最多的属之一。

样品采集地：陕西省渭南市罗夫河上游、下游，零河全流域，沈河
上游，赤水河下游；宝鸡市清姜河中游。

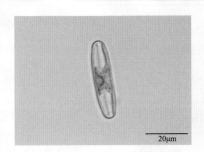
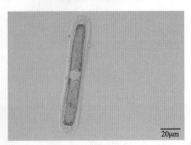

145

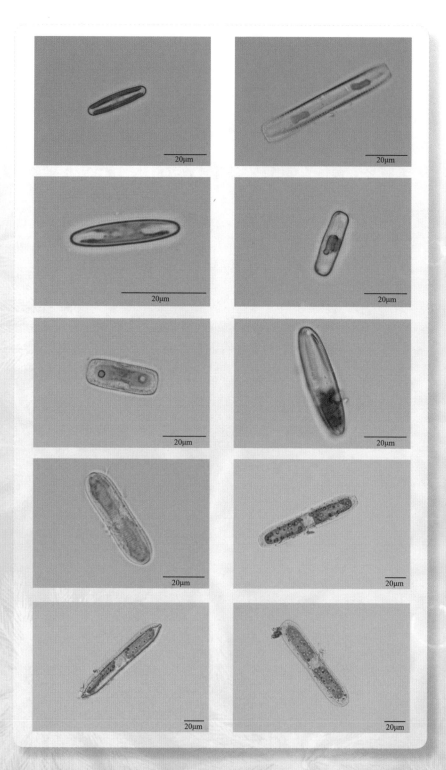

10.14 针杆藻属 *Synedra*

分 类 地 位： 羽纹纲（Pennatae）无壳缝目（Araphidiales）脆杆藻
科（Fragilariaceae）

形 态 特 征： 藻体为单细胞或放射状群体以及扇状群体，细胞呈长
线形；壳面线形或者披针形，中部至两端逐渐变尖或
者等宽，末端呈头状或钝圆；带面长方形，末端截
形，具有明显线纹；具假壳缝，且两侧具有横线纹
或点纹，壳面中部少见花纹；壳面末端有或无黏液孔
（胶质孔）；具有2块带状色素体，且位于细胞两
侧，每个色素体常具有3至多个蛋白核。

生物学特性： 常见于池塘、水沟、河流及湖泊等淡水水域中，浮游
或生长在基质上。主要繁殖方式为细胞分裂，每个细
胞可产生1~2个复大孢子。

样品采集地： 陕西省西安市浐河全流域，涝河全流域、太乙河全
流域，阳峪河全流域，皂河中游、下游，灞河全流域，
沪河全流域，沪河灞河交汇处，小峪河全流域，沣河中
游、下游，潏河全流域，黑河上游、中游；渭南市罗夫
河全流域，零河全流域，潼峪河全流域，沋河全流域，
赤水河全流域；宝鸡市磻溪河下游，清水河下游，清姜
河中游、下游，茵香河下游，石头河全流域。

 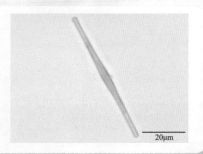

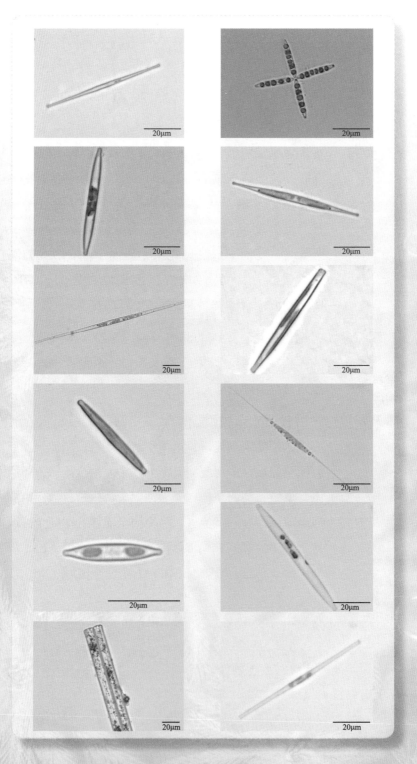

10.15　舟形藻属 *Navicula*

分类地位： 羽纹纲（Pennatae）双壳缝目（Biraphidinales）舟形
藻科（Naviculaceae）

形态特征： 藻体为单细胞，细胞两侧对称，少数由胶质互相粘连
成群体；壳面线形、披针形、椭圆形或菱形，末端头
状、钝圆或喙状；中轴区狭窄，壳缝发达，有中央节
和极节，大部分种类的中央节为圆形或者菱形，有
的种类极节呈扁圆形；壳面有横纹、布纹或窝孔纹。
带面长方形，无间生带。色素体片状或带状，一般
为2块。

生物学特性： 多数分布于淡水中，也有少数分布在咸水和海水中。
繁殖以细胞分裂为主，有性生殖由2个母细胞的原生
质分裂形成2个复大孢子。

样品采集地： 陕西省西安市大峪河、潏河中游、下游，涝河全流
域，太乙河全流域，皂河中游、下游，灞河全流域，
浐河全流域，浐河灞河交汇处，沣河中游、下游，浇
河上游、下游，洋峪河全流域，小峪河全流域，黑河
上游、中游；渭南罗夫河全流域，零河全流域，潼峪
河全流域，沈河全流域，赤水河全流域；宝鸡市磻溪
河下游，清水河下游，清姜河上游、中游，茵香河下
游，石头河全流域。

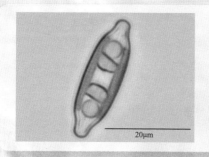
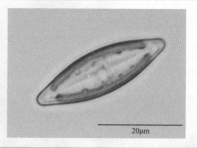

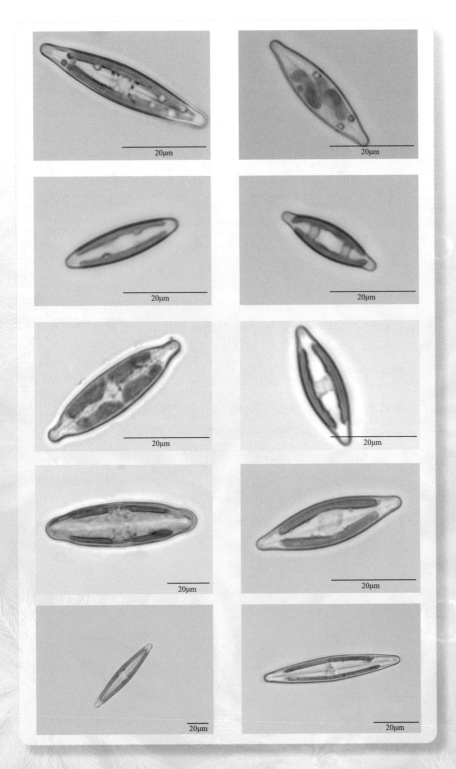

10.16　短缝藻属 *Eunotia*

分类地位：羽纹纲（Pennatae）拟壳缝目（Raphidionales）短缝藻科（Eunotiaceae）

形态特征：藻体为单细胞，或由壳面相互连接成带状群体。细胞呈月形、弓形，背缘凸出，腹缘平直或凹入，两端形态大小均相同，每端具1个明显的极节、具短壳缝，短壳缝从极节斜向腹侧边缘，有横线纹，无中央节。带面长方形、线性，有间生带，无隔膜。色素体呈片状，2块，没有蛋白核。

生物学特性：常见于淡水，尤其贫营养清水中，浮游，或附着于其他基质上。繁殖以细胞分裂为主，有性生殖时，2个母细胞结合成1个复大孢子。

样品采集地：陕西省西安市滻河下游。

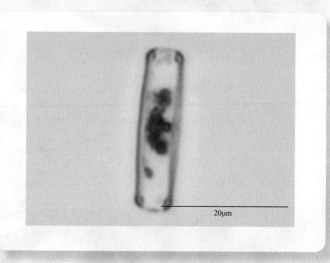

20μm

10.17　双眉藻属 *Amphora*

分类地位：羽纹纲（Pennatae）双壳缝目（Biraphidinales）桥弯
藻科（Cymbellaceae）

形态特征：藻体为单细胞，壳面两侧不对成，背腹之分明显，壳
面呈新月形或镰刀形，末端钝圆或延长呈头状；壳缝
直或略弯，两侧具有横线纹；具中央节和极节，中
轴区明显偏腹部；带面呈椭圆形，末端截形，无隔
膜，间生带由点连成长线状；色素体片状，1块、2块
或4块。

生物学特性：常见于海水中，淡水中种类不多；繁殖以细胞分裂为
主，由2个母细胞的原生质体结合产生1对复大孢子，
偶尔由1个细胞产生1个复大孢子。

样品采集地：陕西省渭南市罗夫河全流域，潼峪河上游，赤水河全
流域，宝鸡市清水河下游，清姜河中游、下游，石头
河全流域。

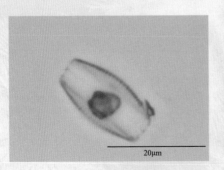 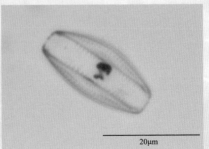

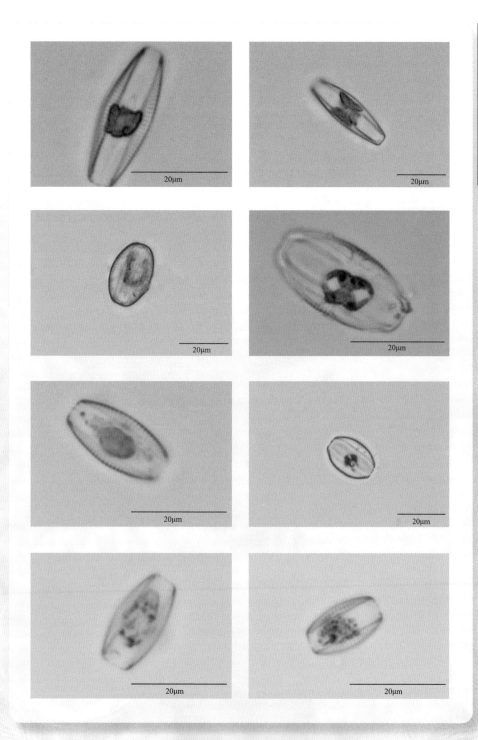

20μm

20μm

20μm

20μm

20μm

20μm

20μm

20μm

10.18　胸隔藻属 *Mastogloia*

分类地位：羽纹纲（Pennatae）双壳缝目（Biraphidinales）舟形藻科（Naviculaceae）

形态特征：壳面呈椭圆形或菱形，尖端钝圆或渐尖；带面为长方形，壳与壳环之间有一条细的长方形纵裂隔膜，隔膜中不具有大型的穿孔。

生物学特性：常分布于热带或亚热带的河流湖泊中。

样品采集地：陕西省西安市潏河中游，涝河中游，皂河下游，浐河全流域，灞河上游，浐河灞河交汇处，太乙河中游，沣河下游，小峪河上游，洋峪河上游，洨河下游；渭南市零河上游，赤水河下游。

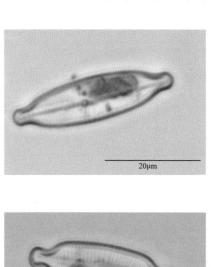

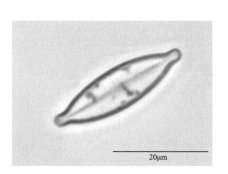

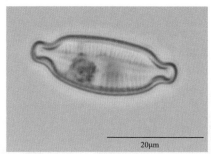

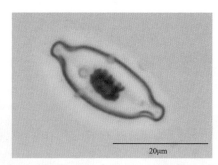

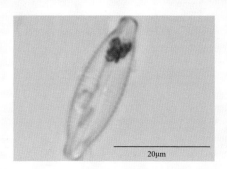

10.19　星杆藻属 *Asterionella*

分 类 地 位： 羽纹纲（Pennatae）无壳缝目（Araphidiales）脆杆藻
科（Fragilariaceae）

形 态 特 征： 藻体单细胞，细胞呈棒状，两端异形，通常一端扩
大。细胞群体呈星状、螺旋状等。假壳缝不明显；色
素体多数，呈板状或颗粒状。

生物学特性： 海水、淡水均有分布。繁殖以细胞分裂为主，2个母
细胞原生质体结合形成2个复大孢子。

样品采集地： 陕西省宝鸡市磻溪河下游。

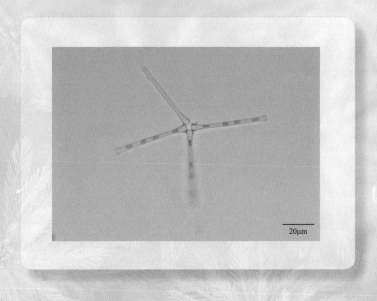

10.20　布纹藻属 *Gyrosigma*

分 类 地 位：羽纹纲（Pennatae）双壳缝目（Biraphidinales）舟形
藻科（Naviculaceae）

形 态 特 征：单细胞，壳面披针形，略呈S形弯曲，两端钝圆至平
截形，中央区长椭圆形，壳缝两侧具纵线纹和横线
纹十字形交叉构成的布纹，纵线纹和横线纹相等粗
细，两壳面都有壳缝。2块片状色素体，常具几个蛋
白核。

生物学特性：生长在湖泊、池塘、泉水、河流中，分布广泛，浮游
种类。繁殖方式为细胞分裂。

样品采集地：陕西省西安市浐河上游；渭南市罗夫河中游、下游，
零河全流域，沈河上游。

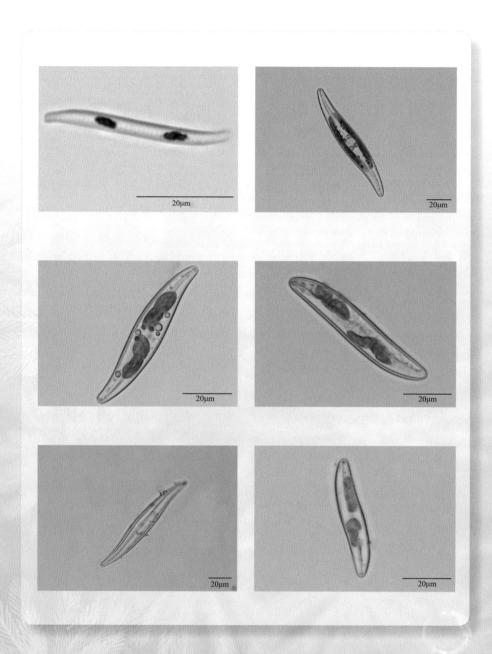

10.21　扇形藻属 *Meridion*

分类地位：羽纹纲（Pennatae）无壳缝目（Araphidiales）脆杆藻
科（Fragilariaceae）

形态特征：细胞互相连成扇形或螺旋形群体。壳面棒形或倒卵
形，具有假壳缝。壳面和带面有横肋纹和细线纹。带
面楔形，具有1~2个间生带。壳内具发育不完全的横
隔膜；色素体小盘状，多数；每个色素体具有1个蛋
白核。

生物学特性：常见于小水沟和半永久性的池塘中。繁殖以细胞分裂
为主，无性生殖为每个母细胞形成1个复大孢子，不
规则形。

样品采集地：陕西省西安市涝河上游，太乙河上游，小峪河上游。

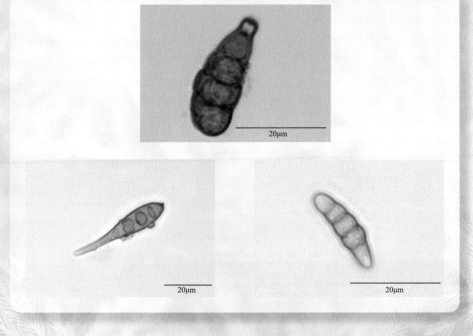

10.22　菱板藻属 *Hantzschia*

分类地位：羽纹纲（Pennatae）管壳缝目（Aulonoraphidinales）
菱形藻科（Nitzschiaceae）

形态特征：藻体为单细胞，细胞纵长，或S形或笔直，壳面线
形、弓形或椭圆形，一侧或两侧边缘缢缩或不缢缩，
两端渐尖或似喙状，壳面一侧有龙骨凸起，突起处具
管壳缝。具有中央节和极节，壳面有横线纹或一列横
点；带面呈矩形；色素体2个，带状。

生物学特性：常见于淡水或海水中，多底栖或附着在基质上。繁殖
为有性生殖。2个母细胞分裂为2个配子，配子成对结
合称2个复大孢子。

样品采集地：陕西省西安市清水河下游。

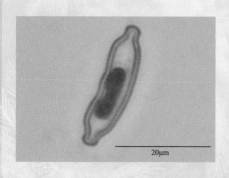
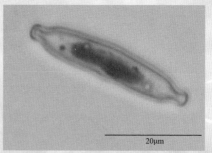

10.23　圆筛藻属 *Coscinodiscus*

分类地位：中心纲（Centricae）圆筛藻目（Coscinodiscales）圆筛
藻科（Coscinodiscaceae）

形态特征：藻体为单细胞，细胞圆盘形，壳面圆形，壳面有孔
纹、点纹或杂有线纹。一般呈向心排列，在少数情况
下有较不规则的排列，甚至中部与四周构造有所不
同，也有分成块状的。有的种壳面上有无纹眼斑、小
突起、小刺或翼状突起等。壳面纹饰为呈辐射状排列
的粗网孔纹。色素体小盘状或小片状。

生物学特性：主要分布在海洋中，淡水中种类很少。繁殖方式为细
胞分裂，无性生殖产生复大孢子。

样品采集地：陕西省西安市涝河下游，灞河上游、中游，浐河灞河
交汇处，沣河中游、下游。

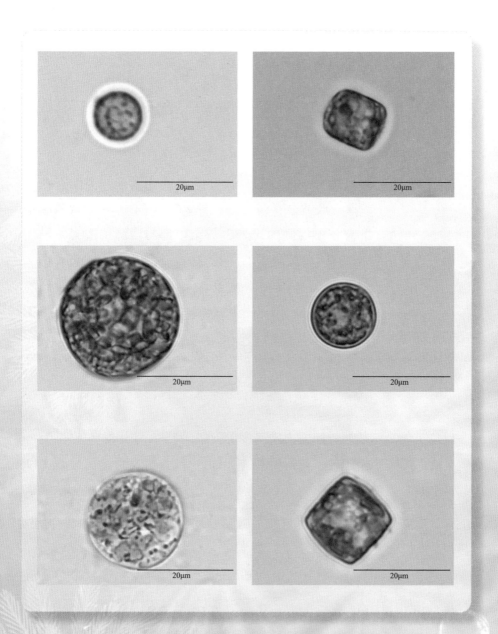

11 裸藻门 Euglenophyta

11.1 鳞孔藻属 *Lepocinclis*

分类地位：裸藻纲（Euglenophyceae）裸藻目（Euglenales）裸藻科（Euglenaceae）

形态特征：藻体细胞表质硬，体型稳定，一般呈球形、卵形、椭圆形或纺锤形，后端或具尾刺，或呈渐尖形；表质具有线纹或颗粒，纵向或螺旋形排列；色素体盘状，多数；1条鞭毛；有眼点，无蛋白核。

生物学特性：多分布在淡水水体中。

样品采集地：陕西省西安市小峪河下游。

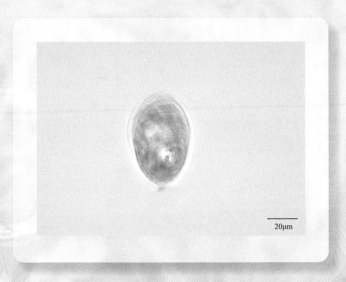

20μm

11.2 裸藻属 *Euglena*

分类地位：裸藻纲（Euglenophyceae）裸藻目（Euglenales）裸藻科（Euglenaceae）

形态特征：藻体单细胞，有的表质柔软可变形或硬化形状固定，细胞内具有螺旋排列的线纹或者颗粒。细胞多为纺锤形，尾部呈尾状或延伸，1条鞭毛，能整体活跃摆动。色素体多呈盘状，眼点和鞭毛存在于绿色种类。

生物学特性：常见于有机质丰富的小型静水水体中。繁殖主要以细胞纵分裂方式为主。

样品采集地：陕西省西安市灞河中游，浐河上游、下游，浐河灞河交汇处，沣河下游，浐河上游；渭南市零河中游、下游，潼峪河中游，沋河下游；宝鸡市清水河上游。

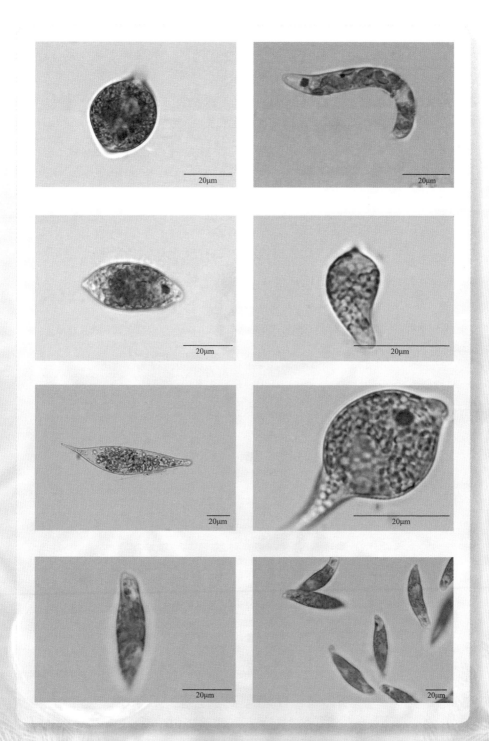

11.3　囊裸藻属 *Trachelomonas*

分类地位：裸藻纲（Euglenophyceae）裸藻目（Euglenales）裸藻
科（Euglenaceae）

形态特征：单细胞，具有囊壳，呈球形、卵形、椭圆形或纺锤形
等。囊壳表面光滑或具有花纹，囊壳无色，由于铁质
沉积，呈现黄色、橙色或者褐色等。囊壳前端一般具
有圆形鞭毛孔，有或无领，有或无环状加厚圈，囊壳
内的原生质体裸露无壁，其他特征与裸藻属相似。

生物学特性：静水水体中常见浮游藻类。主要以细胞纵分裂方式
繁殖。

样品采集地：陕西省西安市涝河上游，皂河中游，灞河上游、下
游，浐河灞河交汇处，沣河上游，小峪河上游、中
游；宝鸡市磻溪河下游，清水河上游，石头河中游。

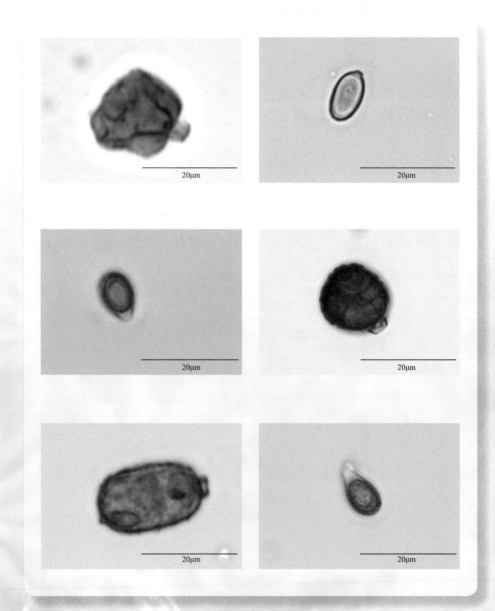

11.4　扁裸藻属 *Phacus*

分类地位：裸藻纲（Euglenophyceae）裸藻目（Euglenales）裸藻科（Euglenaceae）

形态特征：体形稳定，细胞表质硬，扁平，正面观常为圆形、卵形或椭圆形，有的螺旋状扭转，背侧隆起成脊状，后端多延伸成刺状；表质具纵向或螺旋形排列的线纹、点纹或颗粒。大多数种类色素体呈圆盘形，无蛋白核；副淀粉较大，形状有环形、圆盘形、球形及哑铃形，常为1至数个。单鞭毛。具眼点。

生物学特性：分布较广，为湖泊及其他小型静水水体中常见的浮游藻类，大量繁殖时，可使水呈绿色。常见的种类有尖尾扁裸藻、宽扁裸藻、长尾扁裸藻和梨形扁裸藻。

样品采集地：陕西省渭南市沋河下游，零河下游，赤水河中游；宝鸡市磻溪河下游，清水河上游。

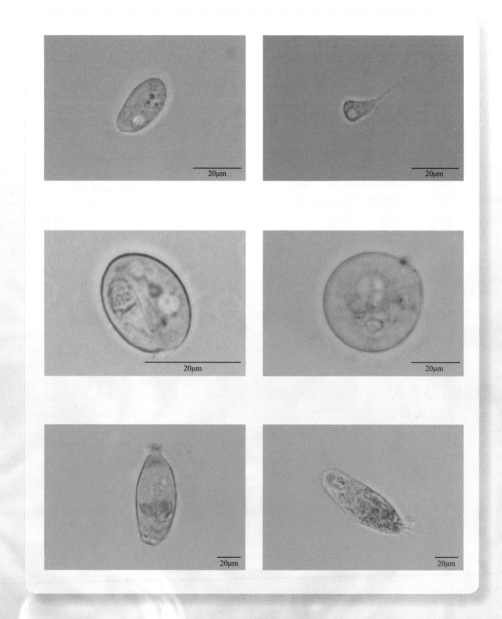

11.5 卡克藻属 *Khawkinea*

分 类 地 位： 裸藻纲（Euglenophyceae）裸藻目（Euglenales）裸藻科（Euglenaceae）

形 态 特 征： 卡克藻属细胞表质柔软，形态易变，一般圆柱形或纺锤形。表质具螺旋形的细线纹。无色素体。副淀粉粒较小，圆形。游泳鞭毛具膨大的鞭毛隆体。有1个明显的眼点。

生物学特性： 该属的基本形态与裸藻属相似，只是无绿色的色素体，营腐生营养。绝大多数生长在有机质丰富的小型水体中。少数寄生。

样品采集地： 陕西省渭南市赤水河下游。

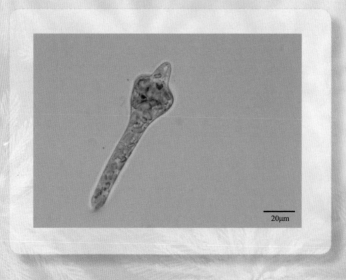

11.6 柄裸藻属 *Colacium*

分类地位：裸藻纲（Euglenophyceae）裸藻目（Euglenales）裸藻科（Euglenaceae）

形态特征：细胞具囊壳，囊壳有球形、卵形、纺锤形、椭圆形等，表面光滑或具点纹、颗粒、孔纹等纹饰，一般无色，有铁质沉积，呈黄色、橙色等；囊壳前端具有鞭毛孔，圆形，有或无领；壳内原生质体裸露，其他特征似裸藻属。

生物学特性：存在于各种水体，大量繁殖时可导致水体呈黄色。

样品采集地：陕西省西安市浐河上游；渭南市沈河下游。

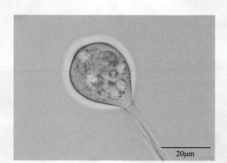
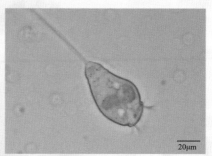

12 绿藻门 Chlorophyta

12.1 顶棘藻属 *Lagerheimiella*

分类地位：绿藻纲（Chlorophyceae）绿球藻目（Chlorococcales）
小球藻科（Chlorellaceae）

形态特征：单细胞，细胞呈椭圆形、卵形或扁球形，细胞壁薄，
细胞两端或两端和中部具有对称排列的长刺。叶绿体
周生，片状或盘状。

生物学特性：多生长于各种淡水水体中。有性生殖为卵式生殖，无
性生殖产生似亲孢子。

样品采集地：陕西省西安市涝河上游；渭南市零河上游，赤水河
下游。

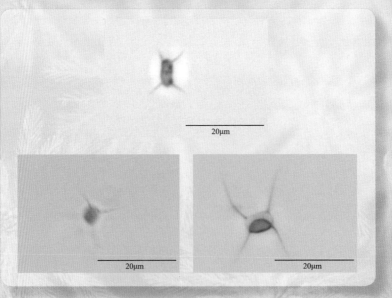

12.2　多芒藻属 *Golenkinia*

分类地位：绿藻纲（Chlorophyceae）绿球藻目（Chlorococcales）绿球藻科（Chlorococcaceae）

形态特征：细胞球形，四周散生出多数不规则排列的纤细刺毛。有时刺毛缠绕在一起,形成暂时的群体。色素体1个，杯状。具有1个细胞核。

生物学特性：生长于有机质较多的水体中，有性生殖为卵式生殖，无性生殖产生动孢子或似亲孢子。

样品采集地：陕西省西安市灞河上游、下游，浐河上游，浐河灞河交汇处，洋峪河下游；渭南市罗夫河上游，零河下游，礵溪河下游，赤水河上游、中游；宝鸡市石头河下游。

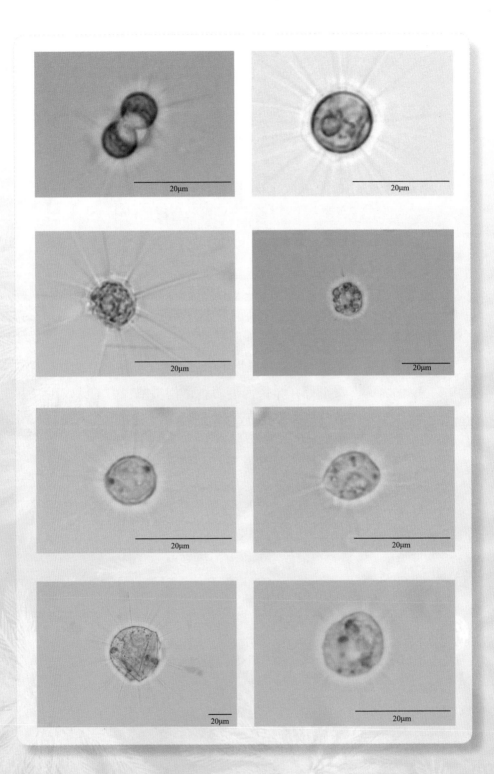

12.3 刚毛藻属 *Cladophora*

分类地位：绿藻纲（Chlorophyceae）刚毛藻目（Cladophorales）刚毛藻科（Cladophoraceae）

形态特征：藻体为多细胞分枝的丝状体，附着生长在基质上。分枝丰富，具有顶端和基部的分化，分枝的宽度小于主枝，或至少其顶端略小。细胞圆柱形或膨大；多数种类厚壁，分层。蛋白核多个，细胞核多个，都位于周围的细胞质中及色素体以内。

生物学特性：广泛分布于各种水体，对高酸碱度较敏感，为高pH水体的指示生物。无性生殖产生四鞭毛的小动孢子；营养繁殖为藻丝断裂；有性生殖以双鞭毛的配子结合，有时配子可不经结合而发育。

样品采集地：陕西省渭南市罗夫河上游；宝鸡市清水河下游。

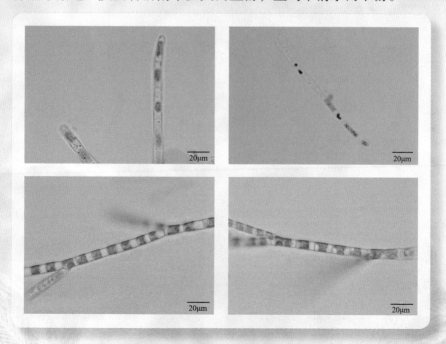

12.4　根枝藻属 *Rhizoclonium*

分类地位：绿藻纲（Chlorophyceae）刚毛藻目（Cladophorales）
刚毛藻科（Cladophoraceae）

形态特征：藻体为丝状体，浮游或者周生。不分枝或具短的根状
分枝，偶尔具长的多细胞分枝，但无明显的基部和顶
端的分化。细胞为短的或长的圆柱形，很少向一侧膨
大。大多数种类的细胞壁厚而分层。色素体周生、盘
状，具多数蛋白核。

生物学特性：主要分布于湖泊和池塘等淡水水体中。营养繁殖以藻
丝断裂方式进行。无性繁殖除假根外其他细胞均可
形成具4条鞭毛的动孢子，有时形成厚壁孢子。有性
生殖藻丝顶端或近顶端细胞产生多个双鞭毛的同形
配子。

样品采集地：陕西省渭南市零河中游，潼峪河上游；宝鸡市清水河
下游，石头河中游、下游。

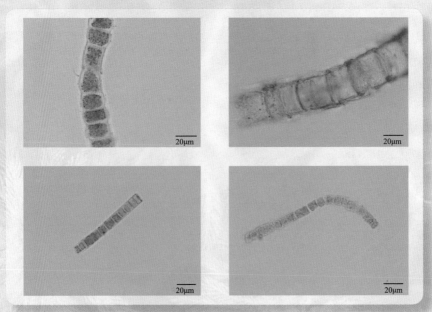

12.5 弓形藻属 *Schroederia*

分 类 地 位：绿藻纲（Chlorophyceae）绿球藻目（Chlorococcales）小桩藻科（Characiaceae）

形 态 特 征：单细胞，长纺锤形、针形、弧曲形，直或弯曲，细胞两端延伸为长刺，末端为尖形；具有1个色素体，周生，片状，1个蛋白核，有时2个。

生物学特性：生长于池塘、湖泊等淡水水体中。无性生殖产生游动孢子。

样品采集地：陕西省西安市灞河下游、浐河灞河交汇处。

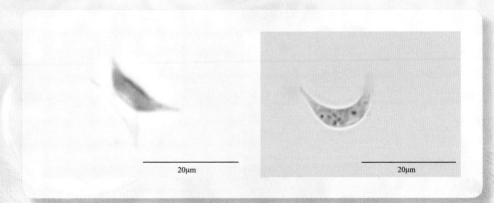

20μm   20μm

12.6 鼓藻属 *Cosmarium*

分类地位：双星藻纲（Zygnematophyceae）鼓藻目（Desmidiales）鼓藻科（Desmidiaceae）

形态特征：大多属于单细胞，细胞呈圆形、椭圆形、卵形等。偏扁，1个细胞分为2个对称的半细胞，通常长稍大于宽，细胞中部收缩成缢缝。半细胞具1~2个轴生的色素体或4个周生的色素体。

生物学特性：大多生长于淡水水体中。营养繁殖为细胞分裂，有性生殖为接合生殖。

样品采集地：陕西省西安市涝河上游，浐河上游，浐河灞河交汇处，小峪河中游，太乙河上游；渭南市罗夫河下游，零河中游；宝鸡市磻溪河上游，清水河上游，石头河上游。

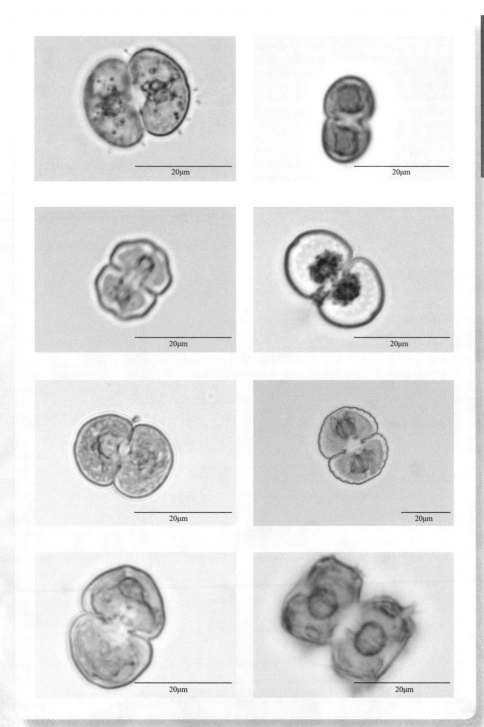

12.7　集星藻属 *Actinastrum*

分类地位：绿藻纲（Chlorophyceae）绿球藻目（Chlorococcales）栅藻科（Scenedesmaceae）

形态特征：真性定形群体，由4个、6个、8个细胞组成，无群体胶被，群体细胞一端彼此连接在群体中心，从群体中心处，以细胞长轴向外放射状排列，细胞呈长纺锤形、长圆柱形，两端逐渐尖细或一端平截，另一端逐渐尖细或略狭窄，具有1个呈长片状周生的叶绿体，1个蛋白核。

生物学特性：常见于湖泊、池塘中的浮游种类。无性生殖产生似亲孢子。

样品采集地：陕西省西安市浐河上游，灞河下游，沣河下游。

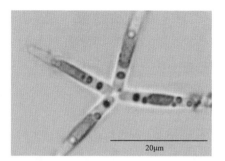

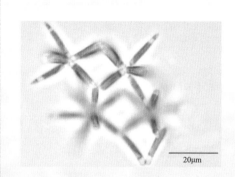

12.8 空星藻属 *Coelastrum*

分类地位：绿藻纲（Chlorophyceae）绿球藻目（Chlorococcales）栅藻科（Scenedesmaceae）

形态特征：藻体为真性定形群体，由4个、8个、16个、32个、64个、128个细胞组成的空球体，呈球形至多角形。细胞以细胞壁上的凸起相互连接。色素体周生，幼时杯状，具有1个蛋白核，成熟后扩散，充满整个细胞。细胞紧密连接，不易分散。

生物学特性：为湖泊、池塘中常见的浮游种类。无性生殖产生似亲孢子。

样品采集地：陕西省西安市灞河下游，浐河上游；宝鸡市清水河上游，石头河上游。

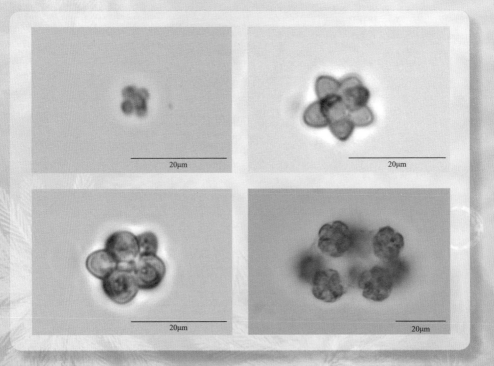

12.9 卵囊藻属 *Oocystis*

分类地位：绿藻纲（Chlorophyceae）绿球藻目（Chlorococcales）卵囊藻科（Oocystaceae）

形态特征：藻体单细胞或群体，常由2个、4个、8个、16个细胞组成，包被在部分胶化膨大的母细胞壁中。细胞椭圆形、卵形、纺锤形等，细胞壁平滑。色素体周生，1个或多个，片状，每个具有1个蛋白核或无。

生物学特性：生长于各种淡水水体中，大多数是浮游种类。无性生殖产生2个、4个、6个、8个或16个似亲孢子。

样品采集地：陕西省西安市灞河下游；渭南市罗夫河下游，零河下游，沈河下游，赤水河下游。

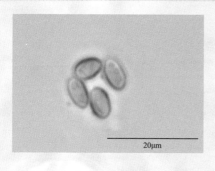
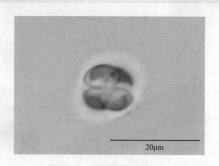
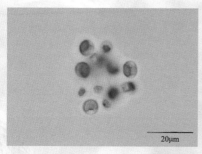
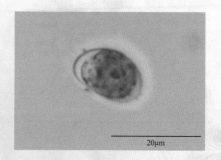

12.10　盘星藻属 *Pediastrum*

分类地位：绿藻纲（Chlorophyceae）绿球藻目（Chlorococcales）盘星藻科（Pediastraceae）

形态特征：多数是由8个、16个、32个细胞构成的定形群体，细胞排列在1个平面上，大体呈星盘状。每个细胞内常有1个周生的圆盘状的色素体和1个蛋白核，随成长而扩散为多个蛋白核。有1个细胞核；细胞壁平滑无花纹，或细网纹。

生物学特性：淡水中常见的浮游种类。无性生殖产生若干具2条鞭毛的动孢子，有性生殖为同配生殖。

样品采集地：陕西省西安市涝河上游，灞河下游，浐河上游，浐河灞河交汇处。

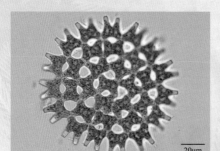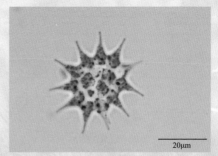

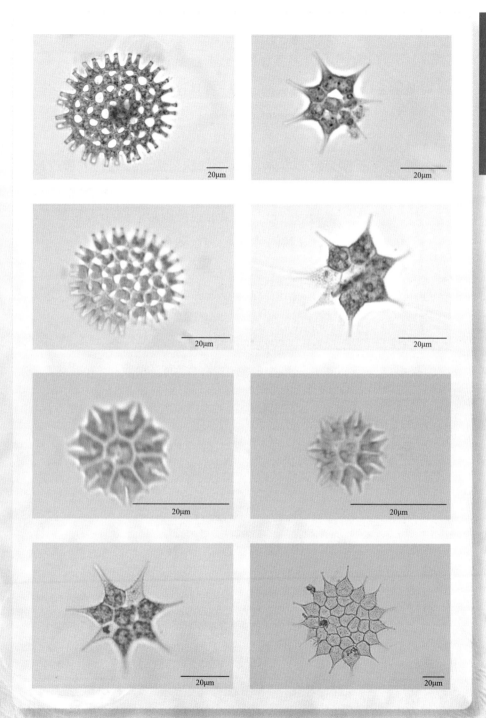

12.11　十字藻属 *Crucigenia*

分类地位：绿藻纲（Chlorophyceae）绿球藻目（Chlorococcales）栅藻科（Scenedesmaceae）

形态特征：藻体为定形群体，由4个细胞组成，排列为方形或长方形，群体中央常具有方形的空隙。群体胶被不明显，细胞三角形、半圆形或椭圆形。每个细胞具有1个周生、片状的叶绿体，1个蛋白核。

生物学特性：多生长于湖泊、池塘等淡水水体中。无性生殖产生似亲孢子。

样品采集地：陕西省西安市小峪河中游，沣河下游。

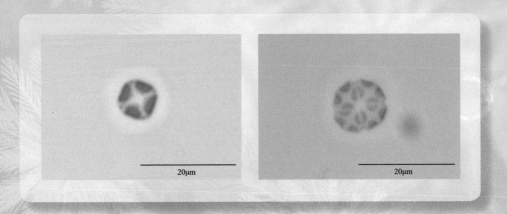

12.12　实球藻属 *Pandorina*

分 类 地 位：绿藻纲（Chlorophyceae）团藻目（Volvocales）团藻科（Volvocaceae）

形 态 特 征：定形群体，具有胶被，球形或椭圆形。由4个、8个、16个、32个细胞组成。每个细胞含1个细胞核，1个含有蛋白核的叶绿体、1个眼点和2个伸缩泡。

生物学特性：常见于有机质丰富的淡水中。无性生殖时，群体中的每个细胞都可进行分裂，成为1个新群体。有性生殖为同配或异配生殖。

样品采集地：陕西省西安市灞河下游，浐河上游，沣河中游；渭南市潼峪河中游，零河下游，沈河下游；宝鸡市磻溪河下游。

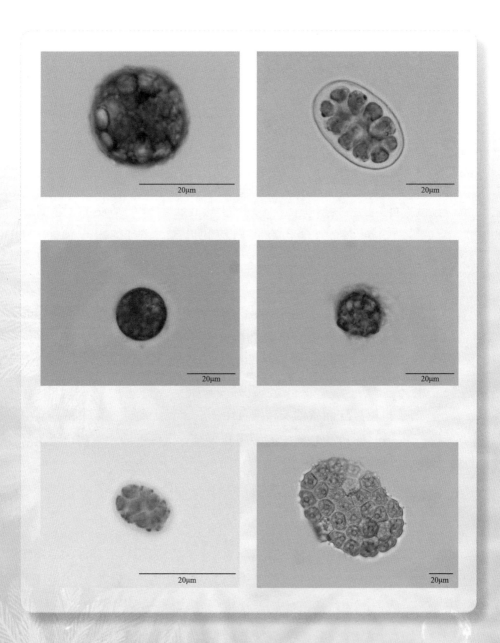

12.13　水棉藻属 *Spirogyra*

分类地位：双星藻纲（Zygnematophyceae）双星藻目（Zygnematales）双星藻科（Zygnemataceae）

形态特征：藻体为多细胞丝状结构体，叶绿体周生，带状，沿细胞壁螺旋盘绕，有真正的细胞核。藻体是1列圆柱状细胞连成的不分枝的丝状体。

生物学特性：常见于较浅的静水水体中。生殖方式通常可见营养繁殖和有性生殖两种类型。营养繁殖为丝状体断裂，无性生殖形成静孢子或单性孢子，有性生殖为接合生殖。

样品采集地：陕西省西安市涝河上游，皂河下游，灞河全流域，浐河上游、中游，黑河下游；渭南市罗夫河中游，沈河下游，赤水河上游；宝鸡市磻溪河下游。

12.14　四角藻属 *Tetraedron*

分 类 地 位：绿藻纲（Chlorophyceae）绿球藻目（Chlorococcales）小
球藻科（Chlorellaceae）

形 态 特 征：单细胞，浮游，细胞扁平或圆锥形，有3个、4个或
5个角。角顶分歧或不分歧，有短刺1~3个，或者没
有。色素体周生，盘状或者多角形，各具1个蛋白核
或者无。

生物学特性：池塘、湖泊等静水中常见。无性生殖产生似亲
孢子。

样品采集地：陕西省西安市浐河上游、下游。

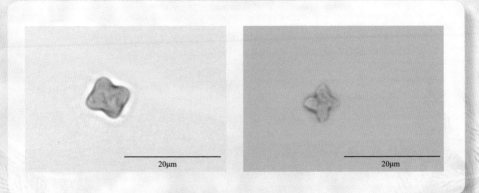

12.15　蹄形藻属 *Kirchneriella*

分类地位： 绿藻纲（Chlorophyceae）绿球藻目（Chlorococcales）小
　　　　　　球藻科（Chlorellaceae）

形态特征： 细胞为群体，4个或8个为一组，多数包被在胶质的群
　　　　　　体胶被中。细胞蹄形、半月形、新月形等，两端尖细
　　　　　　或钝圆。片状色素体1个，除细胞凹侧中部外，充满
　　　　　　整个细胞，具有1个蛋白核。

生物学特性： 生长在池塘、湖泊中的浮游种类。无性生殖产生似亲
　　　　　　孢子。

样品采集地： 陕西省西安市灞河中游，浐河上游，沣河下游；渭南
　　　　　　市潼峪河中游。

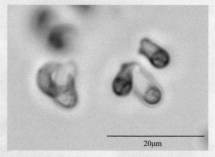

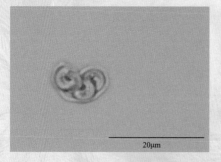

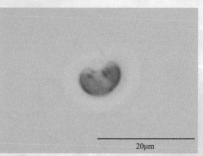

12.16　微芒藻属 *Micractinium*

分 类 地 位：绿藻纲（Chlorophyceae）绿球藻目（Chlorococcales）绿
球藻科（Chlorococcaceae）

形 态 特 征：藻体为复合的真性定形群体，1个定形群体常由4个细
胞组成，排列为四面体形或四方形。细胞壁一侧有
1~10条长刺，具有1个杯状色素体，1个蛋白核，不具
胶被。

生物学特性：分布于各种静水水体中。无性生殖产生似亲孢子，有
性生殖为卵式生殖。

样品采集地：陕西省西安市小峪河上游；渭南市零河下游；宝鸡市
清水河下游。

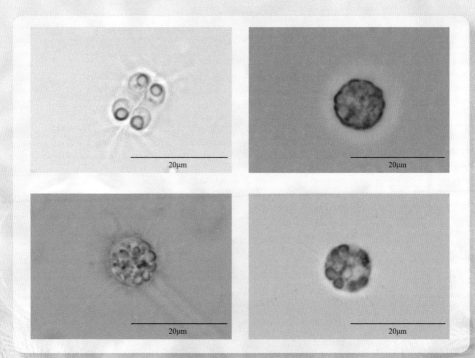

12.17 韦斯藻属 *Westella*

分类地位：绿藻纲（Chlorophyceae）绿球藻目（Chlorococcales）栅藻科（Scenedesmaceae）

形态特征：藻体为复合的真性定形群体，群体由4个细胞侧壁的中部依次紧相连排成线状，各群体间以残存的母细胞壁相连成为复合的群体，有时具有胶被；细胞球形，细胞壁平滑，色素体周生、杯状，1个。老细胞色素体略分散，1个蛋白核。

生物学特性：常见于湖泊，浮游藻类。无性生殖产生似亲孢子。

样品采集地：陕西省西安市涝河中游、下游，浐河灞河交汇处；渭南市沋河下游。

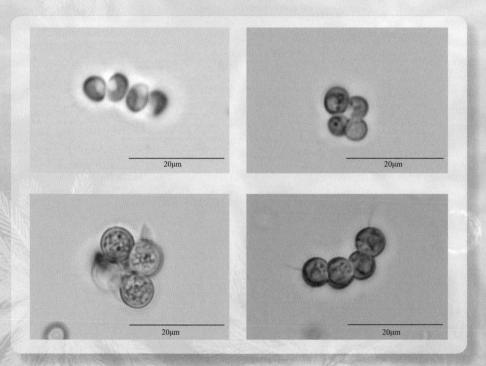

12.18　纤维藻属 *Ankistrodesmus*

分 类 地 位：绿藻纲（Chlorophyceae）绿球藻目（Chlorococcales）小球藻科（Chlorellaceae）

形 态 特 征：藻体为单细胞，或2个、4个、8个、16个或更多个细胞聚集成群，浮游。细胞纺锤形、针形、弓形、镰形等多种形状，直或弯曲，自中央向两端渐尖细，末端尖，色素体周生、片状，1个，占细胞的绝大部分，有时裂为数片，具1个蛋白核或无。

生物学特性：常生长在较肥沃的小水体中。无性生殖产生似亲孢子。

样品采集地：陕西省西安市灞河下游，浐河上游，沣河下游，皂河下游；渭南市罗夫河全流域，潼峪河上游，沋河下游，赤水河全流域；宝鸡市石头河下游。

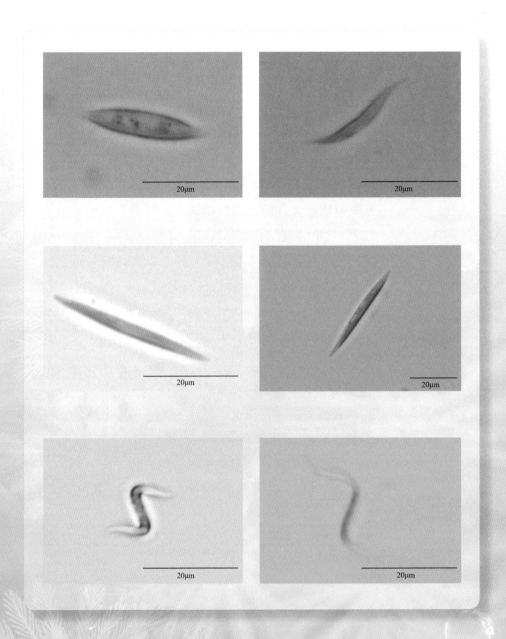

12.19 衣藻属 *Chlamydomonas*

分 类 地 位：绿藻纲（Chlorophyceae）团藻目（Volvocales）衣藻科（Chlamydomonadaceae）

形 态 特 征：单细胞，卵形或球形。细胞前端具有2条等长的鞭毛。细胞内充满细胞质，有1个细胞核，常位于中央偏前端。1个色素体，杯状，其内具有1个蛋白核。眼点位于细胞一侧，橘红色。

生物学特性：多生长于有机质丰富的水体中。生长旺盛时期以无性生殖为主，细胞分裂产生2~16个游动孢子。有性生殖为同配、异配，极少数为卵式生殖。

样品采集地：陕西省西安市涝河全境，皂河上游，灞河上游，浐河上游，沣河上游、下游，太乙河中游，黑河上游、中游；渭南市罗夫河上游、下游，零河全流域，潼峪河中游，赤水河全流域；宝鸡市清水河下游，茵香河下游，石头河上游、下游。

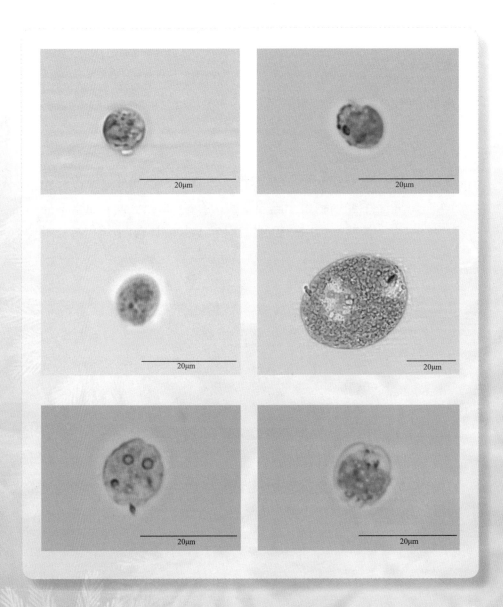

12.20 栅藻属 *Scenedesmus*

分类地位：绿藻纲（Chlorophyceae）绿球藻目（Chlorococcales）栅藻科（Scenedesmaceae）

形态特征：通常是由2个、4个、8个或16个、罕为32个细胞构成的定形群体；细胞椭圆形、卵圆形、长筒形、纺锤形、新月形等。群体中各个细胞以其长轴互相平行，排列在1个平面上，互相平齐或互相交错。每个细胞内有1个周生的、片状的叶绿体，1个蛋白核，1个细胞核；细胞壁光滑或有突起、各种刺、刺毛、颗粒、纵肋等。

生物学特性：淡水中常见的浮游种类。无性生殖产生似亲孢子。

样品采集地：陕西省西安市涝河上游、下游，灞河下游，浐河上游、浐河灞河交汇处，沣河上游、下游，小峪河上游，太乙河全境，黑河上游、中游；渭南市零河下游，沈河下游，赤水河上游、下游；宝鸡市磻溪河下游，石头河下游。

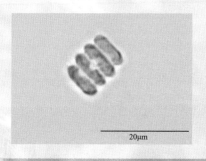
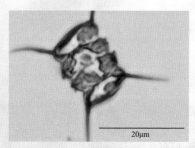

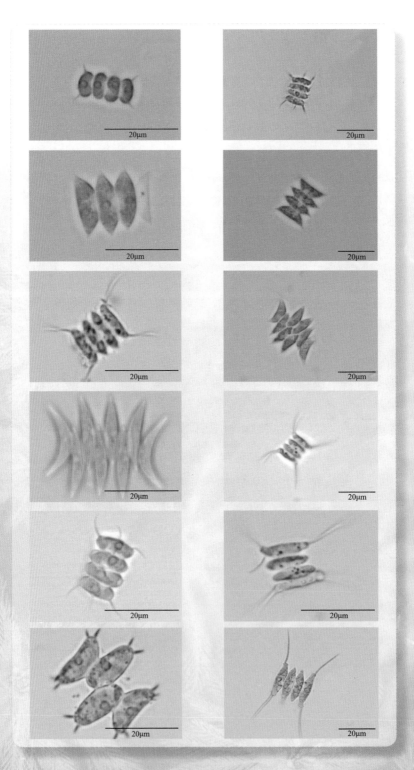

12.21　角星鼓藻属 *Staurastrum*

分类地位：双星藻纲（Zygnematophyceae）鼓藻目（Desmidiales）鼓藻科（Desmidiaceae）

形态特征：单细胞，大多数种类呈辐射对称，中间缢部将细胞分为两个半细胞，多数缢缝深凹，从内向外为锐角。半细胞具有1个轴生色素体，中央具有1个或多个蛋白核。

生物学特性：生长于各种淡水水体中。营养繁殖为细胞分裂。有性生殖为接合生殖。

样品采集地：陕西省西安市灞河下游。

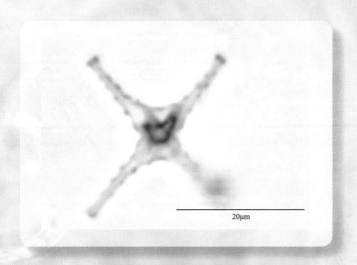

20μm

12.22　鞘藻属 *Oedogonium*

分类地位：绿藻纲（Chlorophyceae）鞘藻目（Oedogoniales）鞘藻
　　　　　科（Oedogoniaceae）

形态特征：藻体不分枝，由1列柱状细胞构成，有些种类上端
　　　　　膨大，顶端细胞的末端呈钝圆形、短尖形或变成
　　　　　毛样。

生物学特性：广泛生活于池塘、水沟、稻田等浅水静水中，多附生
　　　　　于水生植物或其他物体上。无性生殖产生动孢子；有
　　　　　性生殖是卵配。

样品采集地：陕西省渭南市赤水河上游；宝鸡市石头河上游。

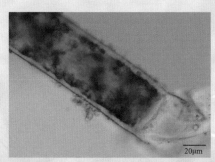

12.23　网球藻属 *Dictyosphaeria*

分类地位：绿藻纲（Chlorophyceae）绿球藻目（Chlorococcales）网
球藻科（Dictyosphaeraceae）

形态特征：藻体为原始定形群体，常由2个、4个、8个细胞组
成，以母细胞壁分裂所形成的胶质丝或胶质膜相连
接。细胞球形、卵形、椭圆形。群体具有胶被。1个
杯状色素体，周生，1个蛋白核。

生物学特性：静水水体中的浮游藻类。无性生殖产生似亲孢子。

样品采集地：陕西省西安市浐河下游，浐河灞河交汇处。

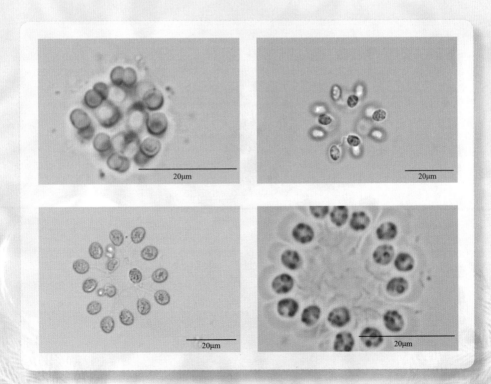

12.24　新月藻属 *Closterium*

分类地位：双星藻纲（Zygnematophyceae）鼓藻目（Desmidiales）鼓
藻科（Desmidiaceae）

形态特征：单细胞，新月形，略弯曲或显著弯曲，少数平直，中
间不凹入，两端逐渐尖细，顶端尖锐或钝圆，　横断
面圆形。胞壁平滑或具纵向线纹、肋纹或点纹，无色
或黄褐色。色素体轴位，两个半细胞中各1个，由1个
或数个纵向纵脊组成，蛋白核纵向排成1列或散生。
细胞核位于两色素体之间细胞的中部。在细胞两端各
具1大型液泡。

生物学特性：生长在pH和水温变化幅度较大的水体中。营养繁殖
为细胞分裂，有性生殖为接合生殖，二配子以变形状
运动相接合形成接合孢子。

样品采集地：陕西省西安市浐河上游。

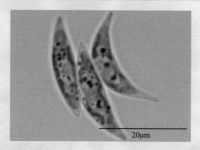

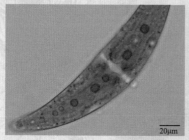

12.25 转板藻属 *Mougeotia*

分 类 地 位：双星藻纲（Zygnematophyceae）双星藻目（Zygnematales）
双星藻科（Zygnemataceae）

形 态 特 征：藻体为圆柱形营养细胞，藻丝不分枝，有时产生假根
状分枝。细胞长度通常比宽度大4倍以上。细胞横壁
平直，具有1个轴生的色素体，多个蛋白核，排列成
行或分散。细胞核位于色素体中间的一侧。

生物学特性：多生活在稻田、池塘、沟渠、湖泊和水库的浅湾中。
无性生殖产生静孢子，有性生殖为接合生殖。

样品采集地：陕西省西安市潏河下游，皂河上游，浐河上游，浐河
灞河交汇处，灞河下游；渭南市零河下游，沋河下
游，赤水河上游；宝鸡市磻溪河下游，清水河上游。

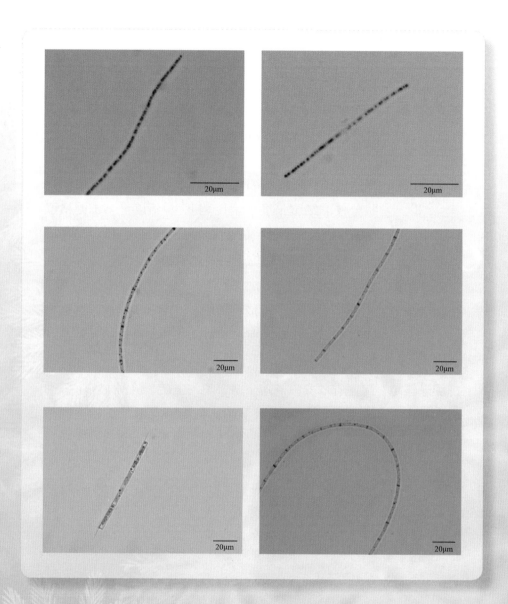

12.26　单针藻属 *Monoraphidium*

分类地位：绿藻纲（Chlorophyceae）绿球藻目（Chlorococcales）小球藻科（Chlorellaceae）

形态特征：单细胞，无共同胶被。细胞为纺锤形、弓状或螺旋形等。两端多渐尖细，或较宽圆。叶绿体片状，周生，充满整个细胞。一般不具有蛋白核。

生物学特性：通常生长在富营养化水体中，绝大多数为浮游种类。无性生殖产生似亲孢子。

样品采集地：陕西省西安市浐河上游。

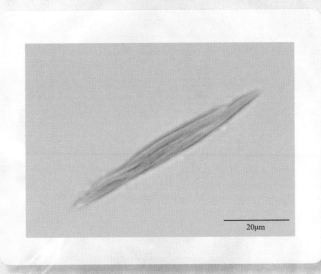

20μm

12.27　空球藻属 *Eudorina*

分类地位：绿藻纲（Chlorophyceae）团藻目（Volvocales）团藻科（Volvocaceae）

形态特征：空心球状或椭圆形群体，通常由16个、32个或64个细胞组成。群体有共同胶质被。细胞排列成层。个体细胞通常球形或稍呈梨形或稍椭圆形，相互不挤压而排列疏松。细胞壁紧贴原生质体。色素体杯状，具有1个或多个蛋白核。细胞核位于细胞中部。眼点位细胞前端。

生物学特性：分布于有机质丰富的水体中。有性生殖为异配生殖，无性生殖为群体细胞分裂产生似亲群体。

样品采集地：陕西省西安市沣河中游、下游，浐河灞河交汇处；宝鸡市磻溪河下游，石头河上游；渭南市潼峪河上游。

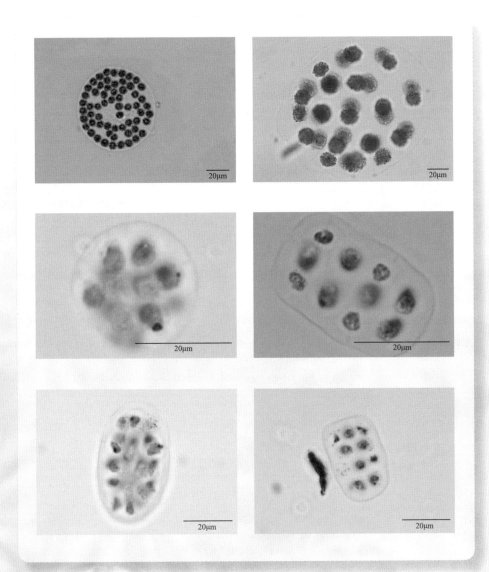

12.28 团藻属 *Volvox*

分类地位：绿藻纲（Chlorophyceae）团藻目（Volvocales）团藻科（Volvocaceae）

形态特征：藻体由500～50000个甚至以上细胞构成球形或卵形的定形群体或多细胞个体，具有胶被。群体细胞前端中央具有2条等长的鞭毛，基部具有2个伸缩泡，或2~5个不规则分布于细胞近前端。色素体为杯状或碗状，1个蛋白核，眼点位于细胞近前端一侧，细胞核位于细胞中央。

生物学特性：春季大量繁衍，生长于有机质较高的浅水水体中。有性生殖为卵式生殖，无性生殖时由生殖胞分裂，并经过翻转过程产生似亲群体。

样品采集地：陕西省西安市灞河下游。

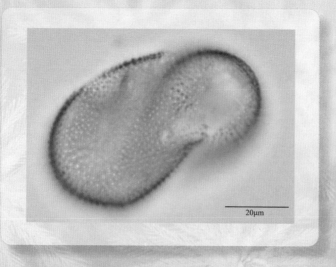

20μm

12.29　月牙藻属 *Selenastrum*

分类地位：绿藻纲（Chlorophyceae）绿球藻目（Chlorococcales）小球藻科（Chlorellaceae）

形态特征：藻体为群体，通常4个、8个、16个细胞以凸面相对排列成一组。细胞新月形或镰形,两端尖锐,整个群体细胞数在100个以上。单个细胞有1块片状色素体，具有1个蛋白核或无。

生物学特性：生长于各种淡水水体中，浮游种类。无性生殖产生似亲孢子。

样品采集地：陕西省西安市㵲河中游。

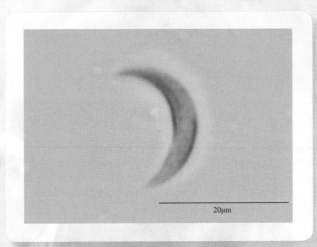

20μm

12.30 棒形鼓藻属 *Gonatozygon*

分 类 地 位： 双星藻纲（Zygnematophyceae）鼓藻目（Desmidiales）鼓藻科（Desmidiaceae）

形 态 特 征： 单细胞、细胞长圆柱形、近狭纺锤形或棒形，长为宽的10~20倍，两端平直；细胞壁平滑，具颗粒或小刺；色素体轴生、带状，较狭，具2个色素体的从细胞的一端伸展到细胞的中部，少数具1个色素体的从细胞的一端伸展到另一端，其中轴具一列4~16个约成等距离排列的蛋白核；细胞核位于2个色素体之间、细胞的中央，具1个色素体的位于细胞中央的一侧。

生物学特性： 浮游种类，生长于较洁净的水体中。营养繁殖为细胞横分裂形成子细胞。有性生殖为接合生殖，形成接合管。接合孢子球形，壁平滑。

样品采集地： 陕西省西安市黑河上游。

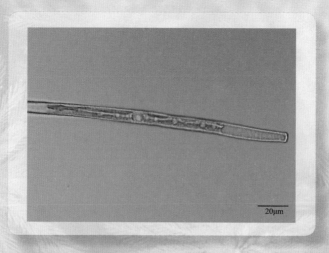

12.31 双星藻属 *Zygnema*

分类地位：双星藻纲（Zygnematophyceae）双星藻目（Zygnematales）双星藻科（Zygnemataceae）

形态特征：藻体不分枝，由一系列柱状细胞构成，营养细胞横壁平直；每个细胞内有2个轴生的星芒状的色素体，各具多数锥状突起，各有1个蛋白核；细胞核位于两色素体之间的细胞中部。

生物学特性：广泛分布于较浅的静水中，罕见于生长在流水石上或极潮湿的土壤中。有性生殖为接合生殖，多为梯形接合，罕为侧面接合。接合孢子常在1个配子囊内，或在接合管中；成熟的接合孢子有3层孢壁，罕为4层；中孢壁平滑或具有花纹，成熟后呈黄褐色或蓝色。

样品采集地：陕西省西安市黑河中游；渭南市潼峪河上游。

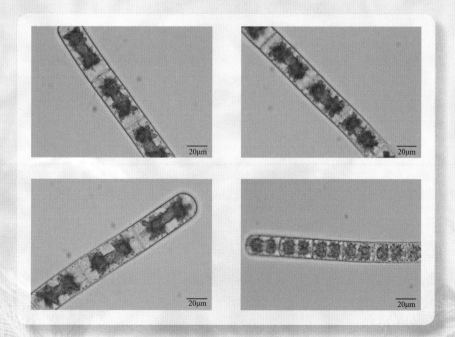

213

12.32　丝藻属 *Ulothrix*

分类地位：绿藻纲（Chlorophyceae）丝藻目（Ulotrichales）丝藻科（Ulotrichaceae）

形态特征：藻体为由圆筒状细胞相连而成的单列、不分枝的丝状体,组成藻丝的所有细胞形态相同，以长形的基质细胞附着在基质上，大多数藻类由完整的1片构成，正面观为H形色素体周生，带状，具有1个或者多个蛋白核。

生物学特性：一般分布于各种水体或潮湿的土壤岩壁表面，一般喜低温，夏天较少。具营养生殖、无性生殖和有性生殖，产生游动孢子和配子。无性生殖产生2个、4个、8个、16个或32个游动孢子，具4或2条鞭毛，有性生殖为同配生殖。

样品采集地：陕西省宝鸡市清水河下游，清姜河上游，石头河上游；渭南市沈河下游，赤水河上游。

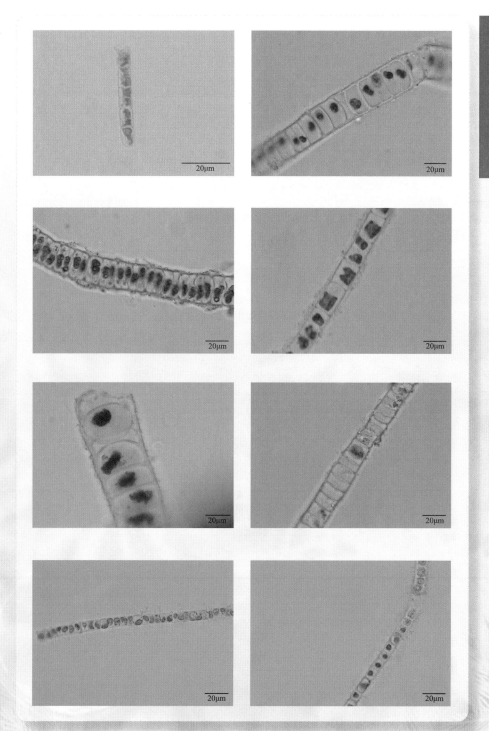

12.33　小球藻属 *Chlorella*

分类地位：绿藻纲（Chlorophyceae）绿球藻目（Chlorococcales）小球藻科（Chlorellaceae）

形态特征：藻体为单细胞，小型，单生或多个细胞聚集成群，浮游，群体内细胞大小很不一致。细胞球形或椭圆形；细胞壁或薄或厚。色素体1个，周生，杯状或片状，具有1个蛋白核或无。

生物学特性：一般分布于淡水或咸水中，淡水种类常生长在较肥沃的小水体中。有时在潮湿土壤、岩石、树干上也能发现。无性生殖，生殖时每个细胞产生2个、4个、8个、16个或32个似亲孢子。

样品采集地：陕西省渭南市零河中游、下游，潼峪河中游，沈河下游。

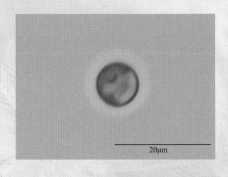
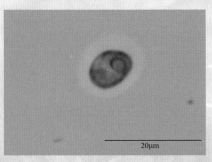

13　黄藻门 Xanthophyta

13.1　黄丝藻属 *Tribonema*

分类地位：黄藻纲（Xanthophyceae）黄丝藻目（Tribonematales）
黄丝藻科（Tribonemataceae）

形态特征：藻体为单列不分枝的丝状体。细胞呈圆柱形、腰鼓
形，细胞壁呈现明显的H形，长为宽的2~5倍。幼体
基细胞具有盘状固着器。色素体盘状、片状或带状周
生，2个至多个。

生物学特性：常见于池塘、沟渠中。繁殖为无性生殖时，产生
动孢子、静孢子或厚壁孢子；有性生殖为同配
生殖。

样品采集地：陕西省西安市黑河上游、中游。

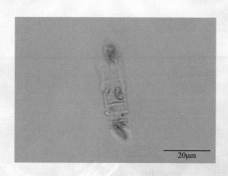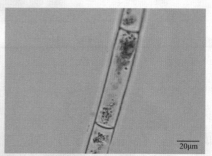

14 甲藻门 Dinophyta

14.1 裸甲藻属 *Gymnodinium*

分类地位：甲藻纲（Dinophyceae）多甲藻目（Peridiniales）裸甲藻科（Gymnodiniaceae）

形态特征：藻体单细胞，球形、椭圆形或卵形，背腹扁平。横沟明显，通常环绕细胞一周，常为左旋，少为右旋；纵沟或深或浅，长度不等，细胞裸露或具薄胞壁，表面平滑、罕见线纹或纵肋纹。色素体多个，盘状、狭椭圆状、棒状，周生或辐射状排列，呈黄、褐、绿或蓝色；有的种类无色素体；具有眼点或无；有的种类具有胶被。

生物学特性：主要分布在热带和温带海域。繁殖方式主要为细胞纵分裂，也可通过产生动孢子、不动孢子或休眠孢子进行繁殖。

样品采集地：陕西省西安市涝河上游，小峪河下游。

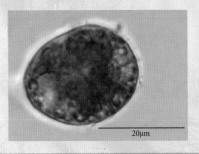
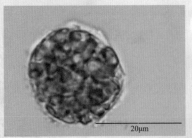

秦岭北麓河流分布

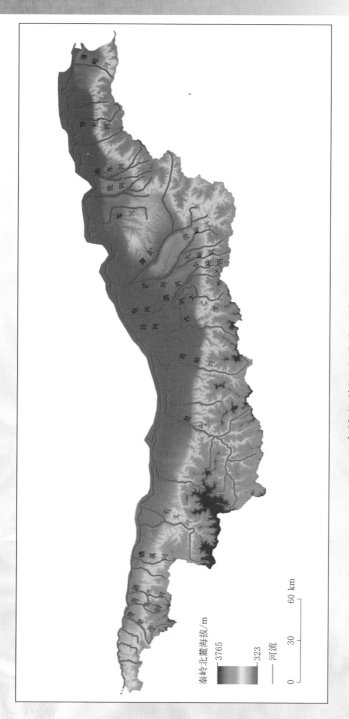

秦岭北麓河流分布示意图

秦岭北麓以秦岭分水岭和渭河为南北边界，以陕西省界为东西边界、形成约1.47万km²的规划区域，主要涉及渭南、西安和宝鸡三市。

秦岭北麓属黄河一级支流渭河流域，区域内河流众多，水资源丰富，是关中地区主要水源地和渭河重要的补给来源。《秦岭北麓河流周丛与浮游藻类图谱》中涉及的大小支流包括渭南市境内的潼峪河、罗夫河、赤水河、沋河、零河；西安市境内的灞河、浐河、大峪河、洋峪河、皂河、潏河、小峪河、沣河、涝河、太乙河、涝河、黑河；宝鸡市境内的石头河、磻溪河、清水河、茵香河、清姜河。

参考文献

［1］邓坚.中国内陆水域常见藻类图谱［M］.武汉：长江出版社,2012.

［2］R.E.李,段德鳞,胡自民,等.藻类学［M］.北京：科学出版社,2012.

［3］胡鸿钧,魏印心.中国淡水藻类——系统、分类及生态［J］.北京：科学出版社, 2006.

［4］李家英,齐雨藻.中国淡水藻志［M］.北京：科学出版社,2014.

［5］刘涛.藻类系统学［M］.北京：海洋出版社,2017.

［6］施之新.中国淡水藻志［M］.北京：科学出版社,2013.

［7］魏印心.中国淡水藻志［M］.北京：科学出版社,2014.

［8］于明.东江流域藻类图谱［M］.北京：科学出版社,2017.

中文名索引

周 丛 藻 类

222

浮 游 藻 类

中文名索引